文華
文化
PUHUA BOOKS

我
们
一
起
解
决
问
题

体验的世界

精神分析主体间性理论及其应用

Worlds of Experience
Interweaving Philosophical and Clinical
Dimensions in Psychoanalysis

［美］罗伯特·D. 史托罗楼（Robert D. Stolorow）
［英］乔治·E. 阿特伍德（George E. Atwood）　◎著
［美］唐娜·M. 奥兰治（Donna M. Orange）

吴佳佳◎译
徐　钧◎审校

人 民 邮 电 出 版 社
北　京

图书在版编目（ＣＩＰ）数据

体验的世界：精神分析主体间性理论及其应用 /
（美）罗伯特·D 史托罗楼（Robert D. Stolorow），
（英）乔治·E. 阿特伍德（George E. Atwood），（美）唐
娜·M. 奥兰治（Donna M. Orange）著；吴佳佳译. --
北京：人民邮电出版社，2023.7
ISBN 978-7-115-62049-1

Ⅰ．①体… Ⅱ．①罗… ②乔… ③唐… ④吴… Ⅲ．
①精神分析－研究 Ⅳ．①B84-065

中国国家版本馆CIP数据核字（2023）第113919号

内 容 提 要

本书是关系性精神分析的基石性著作，也是后弗洛伊德时代的重量级精神分析著作。它深刻地阐述了主体间性视角在理论研究与临床应用上的重要意义，超越了早期工作中由"孤立心灵"引发的一系列问题，探索了精神分析发展的新的可能性。

主体间性观点是罗伯特·史托罗楼在他的经典著作《云中的面庞》中首次提出的，他认为，所有的心理过程都源自人与人之间的相互关联性，分析性关系的发展总是以非线性的过程发生，而非之前许多疗法所认为的，以线性的过程发生。这一概念为精神分析从一人心理学向双人心理学的发展奠定了重要基础。在本书中，三位作者详细论述了传统精神分析的笛卡尔视角的局限，并借助现象学和自体心理学的思想，说明了以主体间性理论为基础的精神分析工作思路，以及运用主体间性理论理解并治疗创伤病人和精神病人的方法。

本书是三位作者30年来合作的精华，它是当代精神分析学者、精神分析师、心理治疗师，以及心理学专业学生必不可少的读物。

◆ 著 ［美］罗伯特·D. 史托罗楼（Robert D. Stolorow）
　　　　［英］乔治·E. 阿特伍德（George E. Atwood）
　　　　［美］唐娜·M. 奥兰治（Donna M. Orange）
　　译　　吴佳佳
　　责任编辑　黄海娜
　　责任印制　彭志环

◆ 人民邮电出版社出版发行　　北京市丰台区成寿寺路 11 号
　　邮编 100164　　电子邮件 315@ptpress.com.cn
　　网址 https://www.ptpress.com.cn
　北京九州迅驰传媒文化有限公司印刷

◆ 开本：880×1230　1/32
　印张：6.5　　　　　　　　　　　2023 年 7 月第 1 版
　字数：100 千字　　　　　　　2025 年 4 月北京第 7 次印刷
　　　　著作权合同登记号　图字：01-2022-6005 号

定　价：69.00 元
读者服务热线：（010）81055656　印装质量热线：（010）81055316
反盗版热线：（010）81055315

我将世界握在手中。

——艾米莉·史托罗楼（Emily Stolorow）

　　主体间性是当代自体心理学、主体间学派、关系性精神分析的重要基础，也是当代精神分析前沿性的观点集群。主体间学派创始人史托罗楼和阿特伍德共同创作的《体验的世界》则是该学派十分重要的基石性著作，它覆盖了现象学、存在主义哲学与临床精神分析维度，并以此建立了精神分析主体间学派观点。

　　主体间性思想源自现象学家埃德蒙德·胡塞尔（Edmund Husserl）的贡献，史托罗楼和阿特伍德受到海因茨·科胡特（Heinz Kohut）的自体心理学的影响和启发，并结合自己的思考将现象学的主体间性观点作为主体间精神分析的基础。在撰写本书之前，史托罗楼和阿特伍德共同创作了《云中的面庞》（*Faces in a Cloud*）和《主体性结构：精神分析现象学中的探　索》（*Structures of Subjectivity: Explorations in Psychoanalytic*

Phenomenology）等多部著作，以阐述他们关于临床精神分析中双向互动的主体间性思想，但并没有十分完整地阐明其中的意义，而本书是在这两部著作的基础上的进一步发展，我觉得他们思想的完整性在本书中得以充分展示。

正如主体间精神分析学派所阐述的，人们表达和存有的观点一定是受到情境的约束和影响而生成并变化着的，本书的阐述也是情境的产物。在本书中，史托罗楼和阿特伍德在西方当代心理治疗和社会文化的情境下，对西方近代哲学家笛卡尔开足了批评的火力，这在东方社会是不容易被理解和感受的，甚至会觉得没有必要，这就是情境主义。东方人对史托罗楼和阿特伍德批评笛卡尔所说的孤立心灵，并没有西方现代社会那种切身的感受。所以在阅读本书时，读者完全没有必要被这一火力吸引（这甚至可能会在一定程度上引起读者对本书价值的误解，有些对史托罗楼的批评也是从这里开始的）；相反，如果读者降低自己对这一火力的注意，并在史托罗楼和阿特伍德对临床过程中来访者和心理咨询师之间无法避免的交互影响，以及因此产生的体验变化的议题投以更多的关注，那么你们一定会发现史托罗楼和阿特伍德的主体间性思想对我国心理咨询师的意义所在，甚至发现其不但具有西方所阐述的意义，还有这一观点在我国所诞生的新的意义。

主体间精神分析学派的思想，是在反思古典临床心理学、个体心理学的局限后所做的发展，即孤立心灵在人类生活体验及实际的临床精神分析过程中并不是真实存在的，实际的人类生活及实际的临床精神分析过程总是两个主体甚至更多系统交叉影响后的发展，这种发展以体验的方式持续流动着。我们对这种主体间性的交叉及随之而来的体验和对话的过程，是符合诠释学的循环过程的，同时也符合尤尔根·哈贝马斯（Jurgen Habermas）所谓的人对意图的理解与意图实现的程度均被环境所影响。主体间性在精神分析临床过程中的重要性是显而易见的。例如，一位女性分析师遇到一位男性来访者，或者这位男性来访者遇到另一位男性分析师，其互动所产生的影响的差异是十分显著的。但这也挑战了潜意识是不是客观的、是不是一成不变的事先存在等观点。而这些思考将带领临床工作者以更开放的态度去倾听来访者的语言及来自自己的声音，尽管来访者的语言和临床工作者自己的声音都会受到交互关系的影响。我们所遭遇的就是主体间性所编织的精神现实——体验的世界。

当我阅读本书时，我意识到主体间学派和主体间性在临床的发展中，必然由二者的交互过程所形成的体验的世界走向更多元的交互过程所生成的体验的世界——临床的发展总是以非线性的过程发生，而非之前许多疗法认为的线性因果过程——而这一复杂性的倾向已经在本书中出现，史托罗楼和阿特伍德多次陈述了复杂性的必要性。关系性精神分析复杂性理论代表人威廉·科伯恩（William Coburn）博士目前进行的精神分析复杂性理论的讨论，已经将这一发展进一步延伸，其系统的理论正在形成中。威廉·科伯恩曾和我谈起，复杂性理论的发展未来可能以场论为趋势——该理论源自比昂（Bion）——而由其后辈巴兰哲（Baranger）夫妇、格罗特斯坦（Grotstein）、费罗（Ferro）等发展的精神分析场论正在成熟起来。我近期也提议，可以将物理学家杨振宁博士的对称性破缺及涌现等概念与精神分析场论相结合，并将复杂性理论真正落到临床实处。

我和张沛超博士在深圳的一次关于本书的讨论中，都认为从主体间性向复杂性理论的发展，已经呼应了东方哲学的因缘思想，情境主义的思想对东方人来说是一种十分熟悉的思想传统，佛学、儒家、道家中都或多或少地存在这样的传统。东方哲学认为，人有苦、乐、中性三类感受，它们不是自己发生的，不是由他者发生的，不是同时由自他共同发生的，也不是没有因由地发生的，而是由各种条件的聚合交互而出现的心理现象。佛学认为，一切事物现象都是由因缘条件的聚合而生起的，也都是由因缘条件的消散而坏灭的。在东方因缘哲学的阐述中，一粒种子能够发展成一棵大树，并非一种线性因果能够说明的。这一过程还包含阳光、氧气、水分、周边环境等各种复杂的条件，只有这些条件足够充分，从种子到大树的过程才会发生。

所以在某种意义上，其他不相关的次要因素，如水分，在相关充分的条件下也可能成为决定性因素。事物的发展远超过我们存有的线性因果的臆测，其系统的复杂性过程超乎预测且具有丰富的鲜活性。史托罗楼和阿特伍德也言及人们执着于孤立心灵的理念，在很大程度上来自人类主体产生于情境的理念，这一"天真的乐观主义"（史托罗楼和阿特伍德）导致了人类创伤的建构基础，即自我被建构为永恒不变的存在，其实自我并不具有这样恒定的存在性，而是具有情境的过程性体验。这与东方古代思想中"无我"的哲学观多么呼应。作为我国的心理咨询师及精神分析家，我们完全可以从这些东方传统出发，去相应性地产生与西方学术的对话和反身，并发展出契合我国文化的精神分析临床理论和实践的路径。

在此，我推荐国内的精神分析从业者、心理咨询师及其他相关读者阅读本书，在主体间性的交互中发现和生成自己所需要的意义。

徐钧

2023 年 6 月 26 日

译者序
FOREWORD

　　与主体间性心理疗法的第一次偶遇，始于《主体间性心理治疗——当代精神分析的新成就》一书。记得当时在阅读该书的过程中，我的内心已然萌生一种巧遇同道中人的惺惺相惜之感。正如徐钧老师在该书的推荐序中所指出的，主体间性心理疗法基于胡塞尔所发展的现象学哲学理念，注重主体与主体之间的交互性、主体体验与经验世界之间的根植性。鉴于对存在主义、现象学哲学思想的偏爱，我个人也就自然认同主体间性这种以更为"开放、流动、互动、当下"的方式来理解人心和人性的视角。不过，我当时也没有想到，多年后我会与主体间性心理疗法的创始人之一——罗伯特·D. 史托罗楼——有进一步的联结。

　　翻译本书原著的源起，可以说是一种"冥冥之中"的缘分。2018 年，我与徐钧老师在上海相遇，恰好得知一本由史托罗楼等人撰写的、名为《体验的世界》的著作待翻译。我被这个书名打动，原著的副书名《交织在精神分析的哲学维度和临床维度之间》更是激发了我的学习兴趣，因为这个主题正好与我当时的博士研究有密切的关联。如何进行哲学与精神分析之间的对话？如何从哲学层面对精神分析进行反思？这些是我感兴趣的主题。于是，我主动请缨，接下翻译本书的重任。

　　事实上，翻译本书的过程的确给我带来了很大的启发。本书主要由理论研究和临床应用两大部分构成，在理论研究部分，作者主要对笛卡尔式孤立心灵进行了哲学反思，包括经典精神分析、客体关系流派、关系性精神分析等理论中所包含的笛卡尔思想的痕迹；在临床应用部分，作者阐释了如何基于情境主义、主体间性的哲学视角来理解创伤世界和破碎的世界。在我看来，作者作为精神分析内部的专业人士，能够站在哲学的高度，在精神分析内部对理论和临床进行持续的深刻反思，这本身也体现了精神分析师所应具备的严谨、认真的专业态度和独立思考的批判精神，既不"追崇权威"，也不"妄自尊大"，永远保持着一颗真诚、谦卑、好奇的心，并且向流动的体验的世界敞开，这值得我这样的后辈学习和借鉴。

　　虽然徐钧老师在一开始就善意地提醒我，这是一本哲学味道比较浓重的书，这意味着存在理解上的难度，"晦涩难懂"恐怕是难免的，希望我有心理准备。而在实际的翻译过程中，我也的确体会到了由于作者哲学思想背景的广度、理论思想的深度、语言风格的精炼，给翻译工作带来的挑战。当然，语言的屏障并没有削弱作者在本书中所体现的哲学反思的深刻性，整个翻译过程既有挑战，也让人一路兴致盎然。当然，作为译者，我自省地认识到自己有限的翻译能力必定无法充分展现作者思想的魅力，对于这一点，我既诚惶诚恐，也深表遗憾。

我记得徐钧老师曾写道："在人，即便活世上百年也终归于尘土；在世，或许需要对社会真正有所贡献——即使是很小的贡献。"我被这份坚持理想的情怀深深打动。能够完成本书的翻译工作，我深表荣幸。回望本书从筹划翻译到出版的过程，也是经历了诸多磨难。从徐钧老师将本书引入国内开始，本书曾经历翻译上的周折，甚至出版上的"流产"。现在，本书得以出版，是诸多心理学专业人士和出版工作者"力排众难"的结果，也是国内心理圈的幸事！也许本书的翻译结果差强人意，我也算尽了一份绵薄之力。读者在阅读本书的过程中若发现有误之处，还请多多包涵。最后，期望读者可以跟随本书作者所描绘的"体验的世界"，发现并享受自己的体验性的世界！

吴佳佳

2023 年 6 月于德国海德堡

前　言
PREFACE

近几十年来，主体间性系统视角持续发展。从早期对精神分析理论的主体性起源的研究（Stolorow & Atwood，1979），到现象场理论（Atwood & Stolorow，1984）、视角主义（perspectivalist；Orange，1995）、情境主义敏感性（Orange，Atwood，& Stolorow，1997），所有这些都为广泛的精神分析临床问题的发展（Stolorow，Brandchaft，& Atwood，1987）及我们对精神分析基础支撑性理论的根本性再思考（Stolorow & Atwood，1992）带来了深远的影响。本书对精神分析理论和应用的哲学基础进行了深入探讨。在此，我们有两个目的：第一，揭示并解构对传统及当下精神分析的思考起奠基作用的假设，这些假设在很大程度上带有笛卡尔哲学遗留的痕迹；第二，为扎根于主体间性情境主义的后笛卡尔式精神分析心理学奠定基础。

　　导论探索了笛卡尔哲学得以形成的个人背景和关系性背景，并且证明了对情感作用的关注能在本质上对笛卡尔式孤立心灵的几乎所有方面进行再情境化。第 1 章展示了精神分析从笛卡尔式到后笛卡尔式的思想转向，这一转向使得理论和临床的焦点从孤立心灵转移到了体验性的世界上。接下来的 3 章（第 2 章、第 3 章、第 4 章）阐释了浸透在西格蒙德·弗洛伊德（Sigmund Freud）的经典精神分析、海因茨·科胡特的自体心理学和当代关系性理论中潜藏的笛卡尔式孤立心灵的假设，并为扎根于主体间性系统理论中的弗洛伊德式潜意识提供了后笛卡尔式的选择。第 5 章到第 7 章举例说明了采用后笛卡尔式、情境主义视角所带来的意义深远的临床影响，这些影响体现在精神分析情境的氛围中，也体现在对严重的心理创伤状态和个人毁灭体验的理解及治疗方法中。

　　第 2 章的内容首次发表在《当代精神分析》（*Contemporary Psychoanalysis*，2001）上。第 1 章、第 3 章、第 4 章、第 6 章和第 7 章中的重要部分也曾在《精神分析心理学》（*Psychoanalytic Psychology*）上发表（1999，vol.16；2001，vol.18；2002，vol.19）。感谢上述期刊的编辑和出版人允许我们将这些内容囊括在本书中。

目　录
CONTENTS

导论　笛卡尔及其孤立心灵的形成背景 // 1

第一部分　理论研究

第 1 章　从笛卡尔式心灵到体验性的世界 // 19

第 2 章　世界视域：替代弗洛伊德潜意识学说的

　　　　另一种选择 // 41

第 3 章　科胡特与情境主义 // 67

第 4 章　关系性精神分析中的笛卡尔哲学倾向 // 77

第二部分　临床应用

第 5 章　基于视角的现实主义与主体间性系统 // 103

1

第 6 章　创伤的世界 // 127

第 7 章　破碎的世界 / 精神病状态：关于个人毁灭的体验 // 143

参考文献 // 177

笛卡尔及其孤立心灵的形成背景

我思故我在。

——勒内·笛卡尔（René Descartes）

在指向某某东西之际，在把捉之际，此在并非要从它早先被囚闭于其中的内在范围出去，相反倒是：按照它本来的存在方式，此在一向已经"在外"，一向滞留于属于已被揭示的世界的、前来照面的存在者。……如果没有一个世界，一个空的主体将永远不"存在"……

——马丁·海德格尔（Martin Heidegger）

传统精神分析的假设中充斥着笛卡尔式孤立心灵的学说。这一学说将个体的主观世界分为外在的和内在的范围，并将这二者之间的分离具体化和绝对化，同时将心灵描绘成一个产生于其他客体的客观的实体，一个具有内在内容的"思考物"，它面朝一个外在的世界，对它而言，这个世界在本质上是脱离的。

自从第一版《云中的面庞》（Stolorow & Atwood，1979）出版以来，我们秉持的一直是后笛卡尔式的、现象学的方法，聚焦于个体体验的世界。虽然现象学在其源起之初要归功于笛卡尔，但是它用别具一格的主体性术语去探寻关于体验的知识，并且避免使用那些将意识客观化的概念，这些概念将意识定位于头脑、心智或任何形式的心理器官。从现象学的视角看来，体验或意识是无形的、非实体的，这意味着它不具有任何有形物质的属性，如存在于空间中、具有动能、遵循因果法则，诸如此类。随着我们的思考逐渐从早期提出的"精神分析性的现象学"（Stolorow & Atwood，1979；Atwood & Stolorow，1984）发展为一个完整的主体间性系统理论（Stolorow & Atwood，1992；Orange，Atwood，& Stolorow，1997），人们常常误认为我们在推崇一种激进的主观主义和相对主义。我们相信，出现这样的误读的原因是，在我们的领域有如此多的人对笛卡尔的孤立心灵学说抱有持续的忠诚。从他们的视角看来，主体间性理论的观点和临床描述必然像水银一样难以捉摸，就好像一个人在某个缺乏明确的形式和实质的想象空间内进行操作。这些印象的产生并不是由于主体间性方法具有任何固有的微妙之处或复杂性，相反，正是未经检验的笛卡尔式的假设引起了心理学思考中关于稳固和明确性的错误观念。一旦这些假设被悬置，产生的结果便是诸如困惑、含糊甚至焦虑的主观反应（Bernstein，1983）。突然间，心灵及在它附近的稳定的外在世界，失去了绝对确定的状态，精神分析性的观察和理论也不再显现为任何固态、真实的事物，此刻只关注体验及其组织结构。

在《存在的情境》（Contexts of Being，Stolorow & Atwood，1992）中，我们提出了这样一个问题：既然孤立心灵学说已经明显阻碍了精神分析理解的发展，为什么还有一些思想家固执地坚持这一主张？我们对这个问题的解答是，这一学说事实上是一个关于西方文化的神话，一个关于我们的自我体验的错觉性的、异化的想象，它帮助我们回避了一种"难以承受的存在层面的根植性（embeddedness）"的感觉，即一种极为痛苦的感觉——原来作为人类，我们的生命是有限的、依赖性的，我们是必死的。认为每个人在本质上是独立的、自我容纳的单元的观念使我们能够明确地保护自己，避免在他人面前展现那难以忍受的脆弱的感觉。

现在，让我们回到勒内·笛卡尔本人的生活和观点上，来更好地理解他关于这一学说的最初构想，并寻找它在精神分析领域内持久且稳固地存在的心理线索。通读笛卡尔的经典著作《方法论》（Discourse on Method，1637，1989a）和《第一哲学沉思集》(*Meditations on First Philosophy*，1641，1989b)，我们可以看到他在为哲学和所有人类知识寻求一个可靠的、确定的基础，一个无可置疑的真理。这个真理是如此可靠，以至于它可以为重建一个基于无懈可击的合法性之上的科学提供一个起点。笛卡尔遵循了普遍怀疑的方法，逐步地驳回每一个他确定的东西，认为它们都不能被确定为不证自明的真理，直到他最终落脚于一个可以被如此确定的真理："我思故我在"。根据他的观点，每个人都能凭借思考本身确定自身存在这一事实，这提供了一个确定的基础，我们可以安心地相信其他一切事物都是基于这个基础的。但是，笛卡尔的普遍怀疑向我们揭示的到底是什么呢？他指出，每个人都是一个心灵、一个思考物、一个足以自我确定的单独的存在物，不管其他物存在与否。当观察笛卡尔的思想实验时，我们在笛卡尔式的明确性中看到了观察者所持有的视角在多大程度上影响了观察和得出的结论。一个孤立的观察者向内部寻找安全和确定的东西，然后他发现了自己的孤立心灵的存在。这一心灵学说在精神分析和西方文化中普遍存在，并在历史进程中逐渐转化为常识。

　　笛卡尔式心灵在通过普遍怀疑的方法被"发现"的即刻，就开始经历一个被物体化的过程，并被转变为和其他物体一同发生的客观的实体。虽然笛卡尔告诉我们，心灵缺少有形物体所具有的、在空间中存在的广延性质，但是他把它称为一个

"思考物"。此外，他还认为心理能力在某种程度上是存在于它"之内"的。之后，他发展了心身关系的观点，将心灵描绘成一个与物理客体之间存在因果互动关系的实体。因此，心灵是一个具有内在的物体，并与其他物理客体形成因果关系的互动。从心理层面，我们如何理解这样一个对所有人都产生了致命影响的学说的源起呢？为什么一个人需要为那些他所相信的、他绝对不会被欺骗的事物，寻找一个绝对可靠且确定的基础？为什么他所发现的解决方案表现为一个与他自身的孤立人格存在有关的、物体化的概念？

一些学者已经通过分析笛卡尔思想所处的社会背景和历史背景，来寻求这些问题的答案（Bernstein，1983；Toulmin，1990；Gaukroger，1995；Slavin，2002），并指出在其生活的时代，政治、知识和宗教方面都极度不稳定。的确，笛卡尔对确定性的追求必须被放在 17 世纪欧洲的历史情境下，包括当时对传统信仰结构的挑战，对人类在宇宙中所处位置的革命性理解（哥白尼及伽利略），以及政治危机和威胁到每个人的生活稳定的持续数十年的战争。然而，在这里，我们要在笛卡尔的个人生活和历史中，寻找笛卡尔式追寻形成的背景情境，因为他的追寻也一定在其独特的个人体验中存在一些线索。

理解一个诞生于 400 多年前的人的生活是困难的，尤其是当这个人对他人心存疑虑，对所有个人事务都极其守口如瓶时

（Gaukroger，1995）。笛卡尔于 1596 年出生在一个五口之家，家庭成员有他的父亲、母亲，还有两个年长的兄弟姐妹。笛卡尔的父亲是一名在法国议会工作的官员，笛卡尔的母亲在他 13 个月大的时候就去世了，他的父亲把他和哥哥姐姐一起送到外祖母家生活。10 岁时，他被送到耶稣会创办的公学，并在那里寄宿了 7 年。14 岁时，他的外祖母也去世了。传记作者史蒂芬·高克罗杰（Stephen Gaukroger）描述笛卡尔具有一种持续的忧郁和偏执的倾向，并把他的这种气质与丧失母亲、家庭，以及后来与外祖母分开、又丧失外祖母联系起来。早期生活经历的这些变动是否成为他持续一生对不容置疑的确定性、对绝对可靠和安全的需要的来源？在笛卡尔的哲学中，确定和安全最终被找到了，但并不是在与其他人的关系中，而是在他自己心灵的孤立工作中，被想象为一个理性的、自我容纳的、自给自足的实体。

笛卡尔曾是波希米亚公主伊丽莎白（Elizabeth）的私人顾问和忏悔神父，这在当时几乎相当于心理治疗师的角色。在一封写给伊丽莎白公主的重要信件中，笛卡尔讨论了当时她得的一种被他称为"伤寒"的疾病。在他看来，这种病是由"悲伤"引起的。他推荐了一种心理训练的方法，即将想象力从那些造成忧虑的原因转移到"关注那些能提供满足和快乐的物体"上，这样她就能"将她的心灵从所有悲伤的想法中解脱出来"

（Cottingham et al，1991）。接着，他又提到了关于他自己的一些非常有意思的事情：

> 恕我冒昧地补充我的发现，根据我自己的经历，我所建议的治疗方法成功地帮我治愈了几乎和你一样的，甚至可能更严重的疾病。……我的母亲在我出生后没多久就死于由忧郁导致的肺病。我从她那里遗传了干咳和苍白的面色，它们一直伴随我直到我20多岁，当时见到我的所有医生都预判我会英年早逝。但是我一直倾向于从最有利的角度来看待事物，并倾向于将我的主要快乐完全依赖于我自身，我想，正是这种倾向使我那几乎是天性的一部分的病痛逐渐消失了（Cottingham et al.，1991）。

反思这段书信的内容，我们发现笛卡尔把根植于悲伤的身体状况作为基本成因，这些状况正如他所说的"几乎是天性的一部分"。他试图通过将主要快乐完全依赖于自己的方式来克服这一"病痛"。抑郁和悲伤的倾向源于早期发生的丧失，这凸显了一个男人的脆弱，他无法通过与他之外的人类世界建立联系来找到安全感和幸福，相反，他被迫在自己的内在精神领域寻找满足和平静。

笛卡尔的信件中还有许多有关自我依靠主题的迹象，尤其是他相信一个人在面对逆境时的幸福感永远只有通过使用自己的理智头脑才能得到保障。在一封写给康斯坦丁·惠更斯［Constantijn Huygens，物理学家克里斯蒂安·惠更斯（Christian Huygens）的父亲］的信件中，笛卡尔提到他的朋友因挚爱的伴侣即将逝去的绝望处境而深感悲痛和哀伤。笛卡尔告诉惠更斯，他无须继续处在痛苦的状态中，因为理智能战胜悲痛，既然惠更斯是一个男人，他的"生活是完全遵循理智来掌控的"，那么他重获平静的心灵应该没有任何困难，而不是像现在这样，认为"所有补救的希望都一去不复返"……（Cottingham et al.，1991）。在另一封写给伊丽莎白公主的信件中，笛卡尔赞美了激情（也就是强烈的情感）和身体快感相隔离的好处，因为它们不可避免地使我们卷入世界上的那些转瞬即逝的事物中。根据他的讨论，真正的快乐并不在"基于感官的短暂享乐"中，它是内部意识中的"一种精神的满意和满足"，其中，个体可以防止"世界上的善所呈现的虚假面相"，而把自己投身于更加持久的"灵魂的愉悦"（Cottingham et al.，1991）。由此，通过避免与外部世界的短暂客体建立依恋，并借助内心深处的沉思理智，个体就能克服因意外丧失而导致的脆弱。

通过在隐秘的思考中寻求慰藉和安抚，笛卡尔试图将注意力从"固有的主体间性的（即关系性的）情境，伴随着对人类体验的持续根植性的非异化认识而产生的敏感的脆弱"上移开（Stolorow & Atwood，1992）。因此，在笛卡尔生活的个人情境中，在孤立心灵学说形成之初，否认对他人的依赖和情绪展露的生动迹象已经展现，并在学说中被表达得普遍且坚决。

我们将把引领笛卡尔哲学观点的孤独的深思与产生主体间性方法的对话进行对比。自 18 世纪 70 年代以来，主体间性理论的发展过程必然反映和表达了这一视角形成的核心概念。主体间性场域的观点，被理解为一个互动的、以不同的方式组织起来的主观世界的系统，由于各种各样的个人化的和智力的视角的交会，每个参与者都把各自的视角带入进行着的协同合作中。与作为任何个人脑力劳动的产物不同，我们的视角出自一个共同的愿景，即依照一个彻底的、自我反射的情境主义对精神分析中的基础概念进行再思考。

在哲学领域，对笛卡尔式的孤立心灵和主客二分观点的最重要的挑战也许来自海德格尔（1927，1962）。与笛卡尔式疏离的、不存在于世界中的主体形成鲜明对比的是，在海德格尔看来，人类生活的存在从根本上讲是嵌入性的，是融入"世界之中"的。在海德格尔的构想中，人类的存在是浸泡在其所居住的世界之中的，这正如有人居住的世界是浸透在人类的意义和意图中的一样。鉴于这种根本的、情境化的视角，海德格尔对情感的考虑尤其值得注意。

海德格尔用单词"befindlichkeit"来描述现身情态（包括感受、存在、认识三个元素——校者注），这是一个典型的累赘的名词，他创造这个词是为了捕捉人类存在的基本面向。从字面上看，这个词可以被翻译成"一个人 - 如何 - 发现 - 自身"。正如尤金·简德林（Eugene Gendlin，1988）指出的，海德格尔为现身情态所创造的这个词既表示一个人如何感受，也表示这个人感受到的情境和在情境中感受到的自我感，这是先于笛卡尔式的内外在分裂的。对海德格尔而言，现身情态是一种生活方式，一种存在于世界之中的方式，它深深地嵌在构成性的情境中。海德格尔的概念强调了人类情感生活精妙的情境依赖性和情境敏感性。

笛卡尔的哲学不仅隔离了内在与外在、主观与客观，还切断了心灵与身体、认知（理性）与情感。正如前面引用的传记梗概，笛卡尔指派理性去完成克服并征服痛苦情感（如悲伤）的任务，并将它视为生理疾病的来源。与之对应的结果是，对理性的提升及对情感生活的贬低，成为他的孤立心灵学说中固有的特点。相反，情感——主观的情绪体验——已经成为精神分析框架的核心部分。

我们的论点是，精神分析思考从驱力至上转变为现身情态至上，这使得精神分析朝向一种现象学的情境主义（Orange，Atwood，& Stolorow，1997），朝向一种将核心聚焦于动力性的主体间性系统（Stolorow，1997）。驱力是深深地发源于笛卡尔式孤立心灵内部的，而情感从其产生之初就在一个持续进行着的关系系统中被正确或错误地调节。因此，把情感放置在核心位置，自然会引起一种几乎对人类心理生活的各个面向的彻底情境化。

我们对现身情态的普遍关注始于与达夫妮·索卡里兹·史托罗楼（Daphne Socarides Stolorow）合著的一篇文章（Socarides & Stolorow，1984–1985），在这篇文章中，我们试图把还在发展中的主体间性视角与科胡特的自体心理学框架整合在一起。在对海因茨·科胡特（1971）的自体客体概念进行拟定的扩展和改进中，我们提出自体客体的功能从根本上讲在于将情感整合进自体体验的组织中，同时，在自体客体联结的需要中，"最重要的是在生命周期的各个阶段对情感状态的（协调）响应的需要"。例如，科胡特对镜映渴望的讨论，指出了在广泛的情感状态的整合中，有价值的"同调"（attunement）所起的作用。与此同时，他对理想化渴望的描述，指出了在对痛苦的反应性情感状态的整合中，同调的情感抱持和容纳是重要的。在这篇早期的文章中，情感体验被理解为与主体间性情境不可分离，不论主体间性情境是不是同调的。

发展心理学甚至神经生物学领域的众多研究已经确认了情感体验具有核心的、动机性的重要性，因为它是在婴儿 - 照料者系统中通过协同作用建立起来的（Sander，1985；Stern，1985；Demos & Kaplan，1986；Lichtenberg，1989；Beebe &

Lachmann，1994；Jones，1995；Brothers，1997；Siegel，1999）。理解现身情态的动机性的首要地位，使我们能够对广泛的心理现象进行情境化，这些心理现象在传统上一直是精神分析探寻的焦点，包括心理冲突、创伤、移情和阻抗、潜意识，以及治疗性的精神分析诠释行为。

早期关于情感和自体客体功能的文章（Socarides & Stolorow，1984–1985）提及了心理冲突形成的主体间性情境的本质："对儿童的情绪状态缺乏稳定的、协调的响应会导致……积极情感整合的重大脱轨，以及对情感反应的解离和否认的倾向。"当儿童的核心情感状态不能被整合时，心理冲突便会产生，因为它们引起了来自照料者的强烈的或持续的不同调（Stolorow，Brandchaft，& Atwood，1987）。这些未整合的情绪状态会变成终身的情感冲突和创伤状态易感性的来源，因为它们被体验为对个体已建立的心理结构和对维持关系而言极其必要的联结的威胁。因此，对情感的防御就成为必要的了。

从这个视角出发，发展性的创伤并不被认为是笛卡尔式的、因容器组装不良而产生的本能泛滥，而是被看作一种难以忍受的情感体验。此外，一种情感状态的不可容忍性不能仅仅基于一个有害的事件所引起的痛苦感受的数量或强度来解释。创伤性的情感状态只能从它们被感受到的关系系统这一角度来理解（Stolorow & Atwood，1992）。发展性的创伤源于一个构成性的主体间性情境，其核心特点是对痛苦情感的不同调——一种儿童-照料者系统相互校准的破裂——导致儿童丧失了情感整合能力，进而进入一种难以忍受的、淹没性的、紊乱的状态。当协助儿童忍受、容纳和调节情感所需要的同调严重缺失时，痛苦或可怕的情感就会成为创伤性的。

从关系层面看，发展性创伤的一个后果在于，情感状态具有持续的、粉碎性的意义。从一再发生的不同调的体验中，儿童获得了一种潜意识的信念，即未满足的、发展性的渴望和反应性的痛苦感受状态是令人讨厌的缺点或固有的内部罪恶。防御性的自我理想往往被建立起来，代表一种净化了令人不快的情感状态之后的自我形象，因为那些不快的情感状态被认为是不受欢迎的或对照料者造成伤害的。不辜负这一在情感上被净化的理想，成为维系与他人的联结和维护自尊的核心条件。此后，被禁止的情感的浮现，被体验为一种体现必需的理想的失败，一种潜在的、本质的缺陷或罪恶的暴露，并伴随孤独感、羞耻感和自我厌恶感。在精神分析情境中，依据这种潜意识的情感意义对分析师的品性或行为进行解读，反过来确证了病人在移情中的预期，即认为他们感受状态的浮现将会遭到厌恶、蔑视、漠视、惊慌、敌意、退缩、利用等，或者将会摧毁分析师并破坏治疗关系。这样的移情预期被分析师不经意地确认了，这是对情感体验和表达的阻抗的强大来源。从这一视角出发，重复出现的、棘手的移情和阻抗能够被理解为病人－分析师系统中僵化般稳定的"吸引子状态"（attractor state）（Thehen & Smith，1994），在这个状态中，分析师的风格所具有的意义紧紧地与病人糟糕的预期及恐惧相配合，使病人不断地暴露于再创伤的威胁中。对情感及其意义的聚焦，使移情和阻抗的情境化成为可能。

发展性创伤的另一个后果是，情绪体验的领域被严重压缩和窄化，因此个体会把在特殊的主体间性场域感受到的任何难以接受、无法忍受或过于危险的感受都排斥在外。第 2 章详细探讨了聚焦于情感如何能对所谓的压抑屏障（意识和潜意识之间持有的边界）进行情境化。现身情态同时包括感受及感受被允许或不被允许出现的情境。

正如情绪体验领域的被压缩和被窄化一样，领域的延展也只能放在其形成的主体间性情境中进行理解。下面，我们将提出关于治疗性的精神分析诠释行为的观点，来结束导论的内容。

在精神分析界，关于认知顿悟和情感依恋在治疗性改变过程中发挥的作用一直存在争论。这一争论直接遗传自笛卡尔的哲学二元论，即将人类体验分为认知区域和情感区域。在后笛卡尔式哲学世界中，对人类主体性进行人为割裂的方式，已经不再站得住脚了。认知和情感、思维和感受、解释和联系，这些只在病理现象中才是可分离的，就像我们在笛卡尔自己的例子中所看到的，这个深感孤独的人，创造了一个孤立心灵学说，一个空洞的、非嵌入的、非情境化的"我思"（cogito）的学说。

　　一旦认识到分析性诠释的治疗作用并不在于它们所蕴含的洞见，而在于它们在多大程度上证明了分析师对病人情感生活的同调，那么将诠释所产生的顿悟与分析师的情感关系二者割裂开来的做法就是错误的。我们早就主张，一个好的（促进改变的）诠释是一个关系性的过程，其构成的核心是病人体验到自己的感受被理解了（Stolorow, Atwood, & Ross, 1978）。此外，正是体验到被理解所具有的特别的移情意义，提供了改变的力量（Stolorow, 1993, 1994），因为分析性的联系调动了发展性的渴望，并促使病人将这一体验编织进发展性渴望的织锦中。诠释并不单独存在于病人和分析师之间的情感关系之外；诠释是这一关系中不可分离的、至关重要的维度。在主体间性系统理论的语言中，诠释扩展了病人对旧有的、重复的组织原则或情绪信念进行反思性认识的能力，这一过程的发生伴随与分析师持续的关系性体验的情感作用和意义，二者都是治疗过程统一体中密不可分的部分。治疗过程使得替代性的体验组织原则成为可能，由此病人的情感范围变得更宽广、更丰富、更灵活，也更复杂。为了使这一发展过程持续下去，分析关系必须能够承受痛苦且可怕的情感状态，以及伴随着的失稳

（destabilization）和重组（reorganization）的循环（Stolorow，1997）。显然，在分析的主体间性场域聚焦临床上的情感体验，可以在多种层面对治疗性改变过程进行情境化。现在，我们将转向一个带有深刻情境化含义的核心理论观点——体验性的世界。

第一部分

理论研究

WORLDS

OF

EXPERIENCE

Interweaving
Philosophical and
Clinical Dimensions in
Psychoanalysis

第 1 章

从笛卡尔式心灵到体验性的世界

心灵是社会性的，社会是精神性的。

——伊恩·萨蒂（Ian Suttie）

噢，世界！世界！世界！这样，可怜的人就被鄙视了。

——威廉·莎士比亚（William Shakespeare）

对存在于世的关注是被它所关注的世界吸引的……理解一个人之所以如此存在总是关乎对这个世界的理解。

——马丁·海德格尔（Martin Heidegger）

曾经听到一位同事直截了当地评论哲学是没用的，只是个半吊子职业。他说："现在，精神分析性治疗倒是实用。有时，人们的确需要一些实用的干货。"不管弗洛伊德对哲学的厌恶是多么众所周知，我们还是希望当前大多数精神分析师不要抱有这样的想法，而是能理解哲学家的探究和辩论对其工作的重要性。有迹象表明，这样的理解的确变得越来越普遍——在过去的几十年里，精神分析领域已经出现了对"笛卡尔主义"的批判性讨论。本章作为对这一讨论的进一步贡献，提供了一系列体现在精神分析理论和实践中的笛卡尔式基本观点。我们要感谢哲学家查尔斯·泰勒（Charles Taylor，1989），他在其著作中对此进行了非常系统化的描述。（相较于我们简化版的描述，泰勒细致入微地描绘了理念发展的历史。如果一些读者感到我们对传统精神分析工作的描述过于简单，这不是泰勒的责任。毫无疑问，最好的分析师总是超越笛卡尔式框架，并以关系性方式进行工作的，不管他们公开宣称支持何种理论。）

从早期阅读中我们可以看出，笛卡尔式心灵发端于《第一哲学沉思集》（1641，1989b），并在现代发展为我们所知的弗洛伊德的心理机制。虽然弗洛伊德对潜意识工作的系统性研究动摇了笛卡尔式心灵的一个重要组成部分，即不再热衷于"观点的清晰明了"，但是，正如马西娅·卡维尔（Marcia Cavell，1991，1993）精彩展示的那样，精神分析性的心灵曾经并将继续是笛卡尔式心灵。对我们中的大多数人而言，笛卡尔式心灵的整个复杂假设主要就是潜意识，它根植于西方语言的潜在语法，并继续体现在精神分析性的思考和工作中。因此，我们认为精神分析性的、哲学性的潜意识值得我们持续关注。

　　笛卡尔式的心灵，包括它的实证主义和经验主义的变体，有几个重要的特点，每个特点都对我们的精神分析工作产生了影响。（我们所说的"实证主义"指的是反形而上学的，致力于将实验的证实功能和可重复性作为知识的标准。而人类个体的不可重复性使得这种实证主义的形式并不适用于理解精神分析过程。）让我们简要地勾勒笛卡尔式心灵的这些特点，并把它们及它们的精神分析性结果与那些实验性、心理学领域的结果进行对比。我们的用意并不是力图"跳出"笛卡尔式的框架——所有人有时都不得不待在其中——而是让自诩为"后笛卡尔"的分析师在表达观点和进行批判时能更容易，也更准确。本着这种精神，我们仅谈论观点及其实践结果，并不针对理论家，我们将理论家视作沟通的伙伴，同时视为这一探索者共同体中的资深同人。我们试图在这里描绘另一种思维方式，为精神分析的思考和工作提供可能的丰富性。

笛卡尔式心灵

　　笛卡尔式心灵的第一个特点是自我封存式的隔离（self-enclosed isolation），这一点我们已经明确地提过。在《以主体间性的方式工作》（*Working Intersubjectively*，Orange，Atwood，& Stolorow，1997）一书中，我们写道：

> 客观主义认识论将心灵想象成孤立的、与外在现实彻底分离的；它或者准确地理解现实，或者曲解现实。而事实上，这样一个面向外在世界的心灵形象是一个英雄般的形象或英雄般的迷思（myth），因为它所描绘的个体的内在本质是个体存在于一种状态中，而这种状态与所有维持生活的状态是相分离的。这一弥漫在西方工业社会文化中的迷思，我们（Stolorow & Atwood，1992）称之为"孤立心灵的迷思"。它以多种伪装和变异形式呈现。在这样的故事中，战无不胜的人们通过孤独的、英雄般的行为克服巨大的不幸，在以一个孤立、单一的主体为核心概念的哲学作品中，在排除个体发生过程的心理学学说和精神分析学说中，我们都能识别出这一"孤立心灵的迷思"的身影。例如，类似的精神分析学说包括如下看法：弗洛伊德将心灵作为一个处理内源性驱力能量的非人机器；自我心理学关于独立自主地进行自我协调的自我这一概念；科胡特关于带有预编程序的内部设计的原始自体这一概念。我们认为（Stolorow & Atwood，1992），这一普遍存在的、物体化的

孤立心灵，不论其有多少不同的形式，都是一种防御性自
大的形式，其目的是否认（人类的）脆弱和根植性……

这一孤立心灵的思想对精神分析工作的影响是广泛而深远
的。碰上一个持有孤立心灵观点的临床医生，病人可能会发现
自己被看作完美主义的、自恋的，甚至是边缘的。的确，那些
和持孤立心灵观点的心理健康专家打过交道的病人，可能一开
始就会以类似的方式描述自己："我是边缘型人格""我有躁郁
症"，诸如此类。随后，我们就会听到他们的体验被如下表述抹
去（混合着之前无效的描述）："我感到自己不真实""我感到
我不在自己的身体中"，等等。在精神分析情境中，病人有时会
被说成是在投射、认同、阻抗或见诸行动。这些说法几乎总是
贬损病人的，它们显示出临床医生对笛卡尔式心灵的持续拥护，
同时可能防止作为治疗师的我们意识到，自己是如何牵连进往
往被我们简单地描述为"病人的病理化"之中的。孤立心灵思
想的心理原子论暗示人类在本质上并不是和他人相关联的，他
们的存在从根本上讲是自我封存的。这一自我封存也涉及笛卡
尔本人描述和主张的自我满足的理想，这一点我们在前面的内
容中已经讨论过。

笛卡尔式心灵的第二个特点是其声名狼藉的主体 - 客体分
裂。笛卡尔式的本体论认为，客体是真实的（相对于认识者独

立地存在着），但是主体（我思故我在）在根本上更加真实，因为它是不证自明地被认识的。笛卡尔认识论的观点是，内在的"上帝"是最终担保人，而外在世界是孤立心灵的派生物。不论我们是否接受这一观点，对心理和广延／物理现实进行本体论上的区分，在现代思想中持续存在。唯理论有多种形式，如贝克莱（Berkeley）的"存在即被感知"的非物质论、康德（Kant）的先验唯理论，以及费希特（Fichte）和黑格尔（Hegel）的绝对唯理论。每一种唯理论都认为，只有心理是完全的或原始真实的。而经验主义者，如洛克（Locke）、休谟（Hume）和米尔（Mill）认为，心理是虚幻的，或者至多是派生物。在 20 世纪的心理学中，这一观点被推至极端地步，最终导致行为主义的产生：哲学家往往认为其是"消除性唯物主义"——在人类生活的图景中，除了物理方面，其他都被"消除了"。然而，这所有的争论都依赖于对笛卡尔式主体 - 客体分裂这一前提的全盘接受。这一本体论上的分歧反过来促使洛克建立了现代认识论，其想法或陈述在心理／主体和物体／客体之间搭建起桥梁。

在精神分析中，这一分裂体现在心理现实和外部现实之间的差别上。尽管弗洛伊德想要建立一个完全像物理和化学一样机械论的心理模型，但他仍然依赖于本能的生物学理论，这给了心理现实一些有机性和灵活性。可变性与主体的驱力对象有关，也与他们的目的有关。现今，主体 - 客体思想的残余最明显地存在于人际间理论中，该理论将治疗性的关系描述为一种"互动"，并且用人们相互作用于对方的因果效应来分析这种"互动"，尽管我们能理解，人并不能被看作本质上分离的单子。某些客体关系理论——这一术语抛开了这一假定——无可置辩地谈论主体的客体，并且通常将他们理解为心理内容。这些心理内容混淆了笛卡尔式的客体与洛克的理念和表征。讽刺的是，即使是主体-主体关联理论也认为主体性概念来自主体和客体之间的对比，也就是说，带有我们所描述的笛卡尔式主体的所有特点。

笛卡尔式心灵的第三个特点是内在和外在之间的对比。内在现实是心理的，而外在现实是物质的或在空间上具有广延性的；内在是主观的，而外在是客观的、真实的，或者外部的、依赖于情境的。心灵是容纳观念、幻想、情绪，甚至驱力和内部本能的容器。外部现实也许能影响这一容器及其内含物，但它永远是外部现实。对笛卡尔而言，正如前面的内容中提到的，心灵的这一特点发挥着强有力的保护功能，使得分离的内在免于与危险的外在接触。在精神分析中，自我心理学就是建立在内在-外在的对比之上的：心理健康意味着自我对外部世界的适应［弗洛伊德的"自我"（ich），尽管相较于"自我"（ego）而言更少实体化，但仍然是内在的］。卡维尔（Cavell，1993）吸收了路德维希·维特根斯坦（Ludwig Wittgenstein）和其他哲学家的观点，广泛地表达了对这种内部 - 外部二分法的哲学性批判，并尝试将其应用于精神分析理论。

在实践方面，这种二分法对临床工作是尤其危险的（Orange，2002b）。病人和分析师无休止地纠缠于试图搞清楚一个特定的现实到底是内在的还是外在的，或者搞清楚一个行为、一种生活模式或某种人际间灾难的责任所在。试图认为任何事物不是内在的就是外在的，并认为这些是真正的逻辑对立，使得精神分析理论家以空间和机械论隐喻的方式来描述笛卡尔式心灵，如转移、置换、投射，或者谈论扭曲和错觉。类似的概念可能会妨碍对创伤、自我丧失、非存在这类深远的、个人化的体验的探寻（见第 7 章）。

笛卡尔式心灵的第四个特点是渴望清晰明了。混乱、过程、软装配、浮现，这些对于 20 世纪末的系统思维而言如此亲切的概念，能把可怜的在坟墓里的笛卡尔气得背过气去。正如与笛卡尔同时代的伽利略（Galileo）所展示的，在现代科学的发展中，二元逻辑（真 / 假）被证明是强健的、富有成效的。伽利略很自然地将带有误导性的感觉经验都清除干净。但是，二元逻辑与它最好的"朋友"奥卡姆剃刀（简约法则）一样，即使在其适用范围内，也被证明有严重的局限性。它要求对所有与之不相符的事物都视而不见，尤其是奇特性和独特性。即使是计算机这个二元逻辑的产物，也已经需要新的、更加"模糊的"

逻辑，以便更好地处理复杂系统的特性。[①]

笛卡尔式对于清晰明了的需要在心理学中往往体现为还原论，即"一切都归结为……"的方法。讽刺的是，在其他理论中还原论倒是最显而易见的。作为精神分析师，我们能在行为主义中清晰地看到还原论。而后弗洛伊德主义者能在本能理论中看到还原论。然而，我们是否也能在我们偏爱的理论，如自体客体理论、依恋理论、情绪或创伤理论，或者其他当下流行的理论中看到它？只有一种带着悔悟的"可误论"（fallibilism）——查尔斯·桑德斯·皮尔斯（Charles Sanders Peirce）用来形容对自己的理论和构想保持怀疑态度的术语——以及一种与其他视角的持有者进行对话的意愿，才能帮助我们"明确我们的想法"（Peirce，1878），使我们不至于陷入导致还原论的笛卡尔式的、对简化的追寻。

在精神分析中，我们可以看到，带着"清晰明了的想法"这一标准寻求确定性，既使我们免于焦虑，又限制了我们的创造性。尽管精神分析的思考者已经承认复杂性——多元决定

---

① 即使是这些模糊的逻辑，也可还原为二元代码，因此它们不能完全涵盖人文科学所关注的主观意义领域。与此同时，我们可能会质疑狄尔泰（Dilthey，1883，1989）关于自然科学和人文科学的著名区分是否不带有笛卡尔二元论的残余。不过，这的确提醒我们，主观体验不能被简单地还原为其物质条件。同样，理解也不能仅仅被还原为转译，这也是狄尔泰的观点。像胡塞尔一样，狄尔泰既保留也削弱了笛卡尔式思维。

论和多功能就是将复杂性概念化的好例子——但是，寻求清晰明了的想法依然存在于"技术"的程序性规则中（Orange, Atwood, & Stolorow, 1997），也存在于对可分析性和正确诠释的讨论中。哲学家理查德·伯恩斯坦（Richard Bernstein, 1983）将这种对最终、确定的基础的担忧恰当地称为"笛卡尔式焦虑"。

美国哲学家皮尔斯提出，怀有可误论的精神是治疗笛卡尔式对确定性的追寻的方法（Orange, 2002a）。这一态度同时包含持续地承认我们在任何时候都有可能犯错，以及理解真理只能在学术群体中被发现，仅凭单枪匹马的哲学家或精神分析师是行不通的。另外，我们还建议怀有诠释学的精神，将任何听起来怪异的言辞都视作真实的，然后试图理解一个理性的个体为何能够如此思考。只有这样，我们才能与那些看起来怪异的事物展开对话。我们将可误论和诠释学二者看作治疗笛卡尔式思维的良药，它们最有名的拥护者，汉斯-格奥尔格·伽达默尔（Hans-George Gadamer）和皮尔斯也这么认为。现在，我们也建议一种在系统中更加情境化的思考方式，不过这一点我们将在本书的第二部分进行讨论。

笛卡尔式心灵的第五个特点是其对演绎逻辑的依赖。我们甚至可以将其称为"笛卡尔式信条"。在笛卡尔式心灵中，没有情绪、艺术和新的格式塔浮现的空间。弗洛伊德在这方面拥有革命性的声望，他认为这样的心灵必然是唯一的意识，因此不能用来解释心理体验的健康或疾病状态，也不能用来解释人类文化的丰富性，而他自身就处于这样一种世纪之交的维也纳文化。不过，弗洛伊德的解决方式是给笛卡尔式的"房子"一间"地下室"，心理生活的真实来源就"居住"在这间地下室里。不幸的是，弗洛伊德的潜意识也和笛卡尔式心灵一样，是孤立的、原子的、机械的、内在的、主观的。它只是被掩藏了，并被想象为根据它自己的内在逻辑进行操作（初级过程）。然而，后来的一些理论家（Bleichmar，1999；Zeddies，2000；Stolorow & Atwood，1992）已经试图以一种关系性的、主体间性的形式对潜意识进行描绘和再定义（见第 2 章）。

缺乏时间性是笛卡尔式心灵的第六个特点。其结果是，对于查尔斯·泰勒（Charles Taylor，1989）所称的"精确的自我"而言，个体早晚会作为空间中的一个点而孤立于其他人和自然世界。最糟糕的是，空间中的这样一个点是非时间性的，因此是没有发展性的历史和故事可言的。在精神分析中，移情的概念既表明又挑战了非时间性的笛卡尔式心灵。过去就像一个模板一样渗入并塑造了当下的体验，过去的体验总是按照之后发生的事情，事后（nachträglich）被理解和重新诠释。我们使用弗洛伊德的这个词，并不是为了说明以此种方式被理解的东西就不是真实的，而是为了提出要对所有体验都进行持续的组织和再组织。事实上，阿尔弗雷德·马古利斯（Alfred Margulies，2000）提出，事后追溯（nachträglichkeit）是一种关系性的过程，一种主体间性的现象。同时，对弗洛伊德，对谈论新旧客体的客体关系理论，甚至对某些系统理论的支持者而言，时间毫无疑问是线性的和单向的。旧的是旧的，新的是新的，未来通常不在考虑当中［不过，对于这个一般化的观点，一个很好的例外可参见詹姆斯·福沙格（James Fosshage，1989）关于梦的指引性边缘的著作］。在临床上，我们认为这会引起某种形式的道德成熟——科胡特称之为"现实原则的道德"（1984）和"心理独立的价值要求"（1991）——这种道德成熟使我们嘱咐自己或病人成长起来。"新"和"旧"这样的语言会掩盖时间经验的复杂性，有时甚至会掩盖其丰富性，使我们困惑为什么病人的体验或我们自己的体验，并不以我们认为应该的方式发生改变。

接下来，让我们来看看笛卡尔式心灵的装置：观念。对笛卡尔而言，或者更多地对他的经验主义的后继者而言，观念只是事物的副本或表征物，被认为是在"外部"世界中的个体物件或感知觉。真实是由心理表征物与外部客体之间的一致构成的。这一心理内容的表征理论直到现在还存在于精神分析中。例如，对弗洛伊德学派而言，梦的意象是白天的残留物混杂着潜意识驱力愿望的表征物。对客体关系理论家而言，心灵是由内在客体构成的。甚至在受婴儿研究影响的当代精神分析家中，我们也发现了表征的多种形式，它们往往被称为"图式"或"模型"。事实上，对许多人来说，约瑟夫·桑德勒（Joseph Sandler）和伯纳德·罗森布拉特（Bernard Rosenblatt，1962）所提出的、依然带有笛卡尔式的"表征化的世界"，幸而已经为远离笛卡尔式的表征化思维，并为朝向一个心理或体验世界的思维提供了垫脚石和推动力（Stolorow，Atwood，& Ross，1978；Atwood & Stolorow，1980）。

在临床上，表征化思维的有害影响可能是难以察觉的。如果我们和病人一起，认为心灵充满了心理副本或表征物，那么我们可能会过于关注这些副本的准确与否，而忽视创造和再创造意义、组织和再组织体验的过程。我们中的任何一个人可能都会深陷泥潭，与病人讨论过去或我们之间到底有什么是真的发生了的（见第 5 章）。我们也会只见树木不见森林，将意象、观念、回忆和幻想都只看作心理档案中的单一物，而不会试图与病人一起理解生命的意义、发生的一切所具有的重要性，以及其生命的情境是丰富的还是糟糕的。

最后，笛卡尔式心灵的第七个特点是其概念具有实体性。尽管心灵脱去了肉体的存在，并与广延的实体（身体）相对立，但它还是一个物体，一个具有内在的、因而可以与其他物（如身体）进行互动的物体。因此，笛卡尔式的物体是被具体化的、被极度抽象化的，并且被完全还原为一个物品的。"浪费心智是一件可怕的事情。"受到语言的误导，我们将语法上的名词作为实体（Wittgenstein，1953），因而精神分析将心理体验具体化为诸如本能、幻想、情绪等心理内容。这种将心灵还原为事物、物品或实体的方式会导致那些真正是心理的人类生命过程被低估——情感过程、思考过程、价值过程、幻想过程、欲望过程、美学体验的过程、创造的过程，等等。相反，我们重提机械式的隐喻，如投射、压抑和转移，即移动心理内容。废除这些机械论的、基于内容的隐喻能够使所有派别的精神分析师更多地关注体验性的和系统性的过程（Orange，2002c）。

体验性的世界

对主体间性理论（即精神分析系统观）而言，世界也许是一个关键的、起决定作用的概念。我们谈论主观世界、体验的世界、个人的宇宙。精神分析"在这里被描述为一种关于主体间的科学，聚焦于观察者和被观察者以不同的方式组织的主观世界之间的相互作用"（Atwood & Stolorow，1984）。或者说，"特定儿童的发展性需要的独特展开方式，是被每一个照料者的心理世界吸收和同化的"。主体间性场域是主体间性理论的核心理论概念，它的定义是"由不同方式组织并进行互动的主观世界构成的系统"（Stolorow，Brandchaft，& Atwood，1987）。为了将主体间性理论与其他使用主体间性的术语进行区分，我们已经解释过，"我们使用'主体间性'来指代任何由互动的体验性的世界构成的心理场域，不论这些组织世界的发展水平如何"（Stolorow & Atwood，1992）。或者说，"一个主体间性系统的概念意味着同时关注个体的（个人化的）体验性的世界，以及这个体验性的世界与它根植其中的其他类似的世界之间的持续流动的、互惠互益的影响"。同样，为了在精神分析的历史语境中给主体间性理论找到一个位置，我们中的一位提出"主体间性方法同样具有一般且科学的探寻精神，也同样对个体已被组织及正在组织的主观世界给予特别的共情性关注"（Orange，1995）。马克斯维尔·苏切洛夫（Maxwell Sucharov，1994）也试图将世界的概念作为一个生活系统进行探索。所有主体间性系统理论的合作者对人类概念的理解都经历了一个根本的、影响深远的转向，从孤立心灵和精确的自我（Taylor，1989），转向一个根植于系统的、有情境感的、体验性的世界（Orange，Atwood，& Stolorow，1997）。

除了前面我们讨论过的海德格尔（1927，1962）的贡献外，体验性的世界这一概念的哲学出处还包括埃德蒙德·胡塞尔（1936，1970）的"生活世界"（lebenswelt）——这是他超越自己的笛卡尔式精神的最后尝试——以及莫里斯·梅洛-庞蒂（Maurice Merleau-Ponty，1945，1962）的"在世存在"（être-au-monde）。我们对这些概念的可能性的思考还受到维特根斯坦关于世界、意义的情境、言语游戏和生活形式等工作的影响。

　　体验性的世界是与笛卡尔式心灵相对的一个激进概念，现在让我们来思量一个体验性的世界所具有的一些特点。与关注"内在心理"的孤立和自主不同，大多数当代精神分析学派强调关系性、对话，甚至系统理论。刘易斯·阿隆（Lewis Aron，1996）已经对当代精神分析的关系理论进行了巧妙的研究，并详细论述了这些理论中拒绝和替代单人心理学的地方。然而，现在西方的理论家骨子里还是带有笛卡尔式的思维——这已经成为西方的常识了——即使是最深思熟虑的思想者也会不时地重蹈覆辙。泰勒（1989）的描述表明这一发展并不是不可避免的，无论在过去还是现在，思考的其他可能性一直都存在。当前有关二元对立的讨论，尤其要归功于婴儿研究者详细而辛苦的研究，这在我们的观点中是一个非常重要的开始，但是它在朝向理解情境中的发展或精神分析方面走得并不够远。以系统的方式进行思考，需要将个体的体验理解为世界（Heidegger，1927，1962），而不仅仅是理解为互动。互动这个概念需要重新定义为仅仅是浮现着、组织着、再组织着的心理世界发展过程的其中一个方面而已。例如，一个接受治疗的儿童是根植于由家、治疗、学校及其他环境构成的关系性世界的，仅仅用唯一的、二元的术语来理解是不够的［出自与戈特霍尔德（Gotthold）的私人交谈］。一个心理的或体验性的世界在关系层面是复杂的、混沌无序的、系统的、自然发生的（Thelen，1989）。

与笛卡尔式思维的主体 - 客体假设相反，体验性的世界这一概念是透视性的（perspectival），它承认"精神分析所能提供的唯一的真实或现实是在一个主体间性情境中理解体验的主观组织"（Orange，1995），这是一个更大的现实中的一个视角（关于透视性现实主义及其临床应用的详细讨论，参见第 5 章）。

与支撑笛卡尔式心灵的内在 - 外在分裂相反，心理世界的概念预想了一种双重栖居。体验性的世界与格式塔心理学的图像和背景相匹配，依赖于观察者的组织活动，也受惠于维特根斯坦将世界意象作为一个视域的观点。这个视域中不存在笛卡尔式的主体，由此体验性的世界替代了笛卡尔式的主体。一个认识者不是世界中的一个物体，相反，体验性的世界看起来同时是人居住于其中的（inhabited by）和人所居住（inhabited of）的世界。人们生活在世界中，世界也在人们之中。人们生活在家庭世界、不同层面的文化和历史、语言，以及理所应当的惯例和回应中（Schutz，1970）。用阿尔弗雷德·舒茨（Alfred Schutz）的话来讲，"生活世界同时向过去和未来敞开，就我的体验而言，这个世界在我出生之前就已存在，并且将在我死后依然继续存在"。同时，对一个人而言，他就是他的世界，他也居于他的世界中：一个人已组织的和正在组织的体验的格式塔就是一个世界，一个人从未离开过这个世界，也从来不是一个孤立的心灵。笛卡尔本身也只能以语言的方式来思考，这个语言既占据着他的语言，同时也是他居住的世界所使用的语言。他的沉思，即孤立地思考的终极象征，事实上是一种邀请，邀请读者与他一起思考、提问，并接受他的质疑。也许所有的语言表达只是在证明孤立心灵或"这个自我"的存在是不可能的，并证明世界为每个个体的可能性提供自然和条件（Heidegger，1927，1962）。

在临床上，关注病人居住于和所居住的体验性的世界，一定会鼓励分析师意识到他们自身对过程的参与，同时并不排除其他理解。承认从孤立心灵转向孤立二元对立是不够的，分析师将不会继续把像投射性认同这样的防御归咎于病人或他们自己，而是将这些概念理解为笛卡尔式思维的残余（见第4章）。

人的存在不能被还原为一种特定的对话[①]，人的体验也不能被还原为一种所谓的防御机制。相反，防御能被理解为一种维持心理组织的相对稳定的属性所必要的系统，该系统是有机的、主体间性的或文化性的。

　　或许最突出的一个转向是拒绝"清晰明了的观念"，而偏向具有复杂性的、非线性的、模棱两可的品性和普遍可误性的系统思维。体验性的世界，只有对笛卡尔及其追随者而言，才闪现为一个关于逻辑和理性的线性世界。只有当分析师感到他们能充分依赖情绪性的情境，带着好奇心在不断的开放式提问中去承受和探索，安全感才会到来。在临床上，这样的能力必定会使病人放心，如果临床医生对病人最清晰明了的回答，不可避免地给予"是的，但是"的回应，这就表明我们将体验还原为公式。不论临床医生的受训背景是什么，倾向于打开而不是取消关于意义的对话，或许都是面向世界的（world-oriented）精神分析性思维的最可靠标志。

---

① 　个性并不一定意味着孤立，也不意味着还原为一种普遍的特例（如诊断）："一方面是个体性（einzelheit）或个性，另一方面是特性（besonderheit），我极端地区分这二者。我认为，不存在内在双重性的个体是无法比较的，也无法以相同的方式重现……相反，个别是对一个普遍性的规则的具体说明。它可以通过演绎的方式毫不费力地得到。个别与一般的关系就像实例与规则的关系。一个实例永远不能修改规则。对于一个规则，只能说它能提供示例，或者不能提供示例（Frank，1992）。"

类似地，体验性的世界这一概念包含一种模棱两可的认识，而不带有传统上意识和潜意识的严格边界。我们觉得，最让精神分析感兴趣的，将永远是最少进入初级认识的那些体验的层面。另外，分析师也不需要将工作界定为好像他们掌握着外行人不了解的某种特殊的、深奥难懂的知识，因而排除那些"没有接受过精神分析训练"的人，或者排除那些"非精神分析的"观念。精神分析师受训是为了提升（而不是创造）对体验性的世界的那些情绪的、审美的、组织化的、模棱两可的意识层面的同调，以便那些居住在其中和所居住的人在一个特定的关系性情境中更好地理解世界，并感到更大的灵活性。

与"精确的自我"或笛卡尔式主体相反，体验性的世界是极度历史性的、暂时性的和浮现性的。对心理时间而言，时钟和日历不能提供很好的隐喻，它是极其复杂的。在心理时间内，过去、现在和未来不能被简单地区分。生物系统或许能提供一个更好的类比。在克里特岛有一种植物，像仙人掌一样，生长20年才（壮丽地）开一次花，随后就会枯萎。它的生长，就像我们的发展一样，在所有的时间内都包含着过去、现在和未来，包含着它的死亡和未来新一代的诞生。同样，当精神分析以体验性的世界替代笛卡尔式的自我时，它将会对发展越来越感兴趣，在很大程度上以暂时的复杂性（"非线性系统"）去理解。我们居住于其中并占据我们的文化／历史的世界也将越发成为精神分析思维的兴趣所在。

接下来，笛卡尔式思维的表象主义让位于一种对话性的（而非二元的）、参与性的、视角性的、解释性的理解概念。要理解一个人，我们无法进入这个人的头脑，将它的心理设备（观念、情绪、幻想）都登记在册，然后写一份案例报告。相反，在后笛卡尔式思维所理解的"共情地浸入"这一概念中，对话的参与者（两个人及以上）将他们自己浸入体验的个人世界的相互影响中。作为临床医生，我们不是问自己"这个人有什么问题"或"这个人脑子里的错误表征是什么"。我们可能会问"这个人体验世界的哪些方面使他相信或感到他是一个谋杀者""坐在或躺在我的躺椅上，却说自己并不是真的在房间里的这个人，他的生活世界是什么样的""以这样的方式感受的这个人，他的期待或希望是什么"。在大多数精神分析团体中，这样的询问态度可能都是存在的，我们认为另一个人诉说的都是可理解的，我们的任务就是去理解，而不是评估、分类或评判。这种关注点的转变，对于以体验性的世界替代笛卡尔式心灵起到了重要的"兑现价值"或有效的临床重要性。

最后，当我们以体验性的世界替代笛卡尔式心灵时，作为一个物体或实体的心灵也带有了一种组织着的、体验世界的心理特性（包括非组织化、非卷入、困惑、非整合、混乱的体验）。在关系性理论圈子中普遍谈论的多重自我，也让位于以不同的方式组织的体验性的世界，它在本质上是关系性的，但实际上或多或少是彼此关联、互相协调的。个人的体验不是心理物质，它是生活世界，具有复杂的特性和暂时性，是一个"凌乱的、流动的、对情境敏感的"（Thelen & Smith，1994）被组织和组织着的活生生的系统。

第 2 章

世界视域：替代弗洛伊德潜意识学说的另一种选择

神话反映了它的地域。

——华莱士·史蒂文斯（Wallace Stevens）

边界是事物开始显现的地方。

——马丁·海德格尔

感觉并不是简单地记录事实，它展开了一个世界……在其中他们将无法逃脱。

——伊曼纽尔·列维纳斯（Emmanuel Levinas）

弗洛伊德对潜意识的"发现"带有第二次哥白尼式革命的

特点，因为它彻底动摇了主体自我意识的认识论地位，在笛卡尔式哲学和一般的启蒙运动思想中，主体自我意识一直处于中心位置。在弗洛伊德看来，笛卡尔的自我意识的"我思"只是一种浮夸的幻想；意识不过是主体完全未觉察的巨大潜意识力量的"人质"。然而，弗洛伊德式潜意识在其深处依然充斥着其所挑战的笛卡尔主义（Cavell，1993）。正如我们已经讨论过的，弗洛伊德式潜意识及其内容仅仅是一个带有笛卡尔式孤立心灵的封闭的"地下密室"。

在后笛卡尔、后弗洛伊德、关系性精神分析的对话内，"潜意识"还剩下什么？如果不采取弗洛伊德元心理学的机械式和还原式的思维方式，我们就不能再将动力性的潜意识想象为一个隐蔽的场所，其中本能驱力的各种衍生物不停地推拉着意识体验。当我们将意识、潜意识和前意识的地形学模型（Freud，1900，1953）降级为隐喻的领域时，我们就失去了弗洛伊德式潜意识所具有的唤起情感的力量。同样，一旦我们以现象学的方式来看待人类的心理，而将自我、本我、超我的结构理论（Freud，1923，1961a）看作复杂的、有害的、完全站不住脚的具体化过程，我们还能从弗洛伊德的第二次哥白尼式革命中获得什么呢？

也许我们还是有所收获的。我们获得了弗洛伊德式的直觉力，所有认识到精神分析价值的人都共享这种直觉力，即人类

的体验 —— 包括我们自己的 —— 所涉及的范围要"远大于眼睛所见"，并且我们感觉到，不论这"多出来的东西"可能是什么，它都是深深困扰着我们的关键所在。

弗洛伊德式潜意识

首先，让我们从弗洛伊德的观点来看弗洛伊德式潜意识，这在今天看来还是可能的。在科学认识论占统治地位的世界中，弗洛伊德是如此渴望被接受，然而一个讽刺的反转是，完全无法验证或测量的潜意识，在弗洛伊德看来却是真理的绝对尺度。他（Freud，1915，1957）甚至向康德寻求灵感：

> 潜意识心理活动这一精神分析假设是康德对外部知觉的观点所作修正的一种延伸。正如康德告诫我们，不要忽略知觉是有主观条件的这一事实，不能把它与那些不可知但被感知到的等同起来一样，精神分析也告诫我们，不要把意识到的知觉与作为知觉对象的潜意识心理过程等同起来。

弗洛伊德进一步用康德式的或先验的论证形式来证明他的观点，即心理本身是潜意识的。他相信，意识是漏洞百出的。

那些前来接受精神分析的苦恼的人，不但展现出适得其反的症状（这还算好的了），更糟糕的是，这些症状还给"主人"带来终身的折磨。同时，普通的日常经验又充满了遗忘、口误及其他动作倒错。我们每个人都有难以解读的梦，而压抑在意识经验中形成了许多裂隙，并使得生活难以理解。因此，弗洛伊德认为，我们必须假定心理的"现实"是潜意识的，意识只是附带现象。被定义为不能直接体验的潜意识是一种推论的结果。它一定存在，否则我们就无法发现生活中的联结。它为我们提供了丢失的环节。

现在，让我们来看看弗洛伊德式潜意识的特点。总的来说，它是有关人性真理的源泉。正统的弗洛伊德学派（连同克莱茵学派）对人性的观点是极度悲观的，根据他们对原罪的描述，我们天生就具有乱伦的欲望和破坏性的愤怒。但是这些在很大程度上都是潜意识的，并不为主体所知，当它们或它们的衍生物喷发为意识时，主体会将它们压抑，却仍然会遭受压抑给体验和生活带来的扭曲的痛苦。只有掌握关于这个潜意识领域普遍内容的深奥知识的分析师，才能带领病人进入私人"地狱"，并从其中返回到如释重负中，或者至少返回到放弃所要求的、更为意识层面的接受中。在弗洛伊德对超然的专家的隐喻中，病人需要的是一个心理外科医生，他能娴熟地刺入病人潜意识内部，并对其进行重新布置。理论学说已经规定了潜意识的内容，并且在分析师进行任何协作性的探索之前已经"知道"其内容。弗洛伊德关于潜意识的概念，是对传统精神分析中的许多专制特点负有责任的。带着对潜意识的特权性知识，分析师已经被看作一个"自以为无所不知的人"（besserwisser）或"全知的人"。只有分析师掌握着真理，而病人只会扭曲事实、一无所知。

弗洛伊德式潜意识所发挥的功能，是为意识主体所不能忍受的内容提供一个具体的、实体化的仓库。就像弗洛伊德式隐喻所说的，不管我们是将潜意识想象为一个充满乱伦的、攻击性的本能欲望的沸腾锅炉，还是一个无序的心理博物馆，这个潜意识都是一个容器。假定它容纳的不仅仅是笛卡尔式的"我思"，那么可以肯定的是，它的内容既不清晰也不明了。它也容纳比洛克式的观念更多的内容，尽管这些内容肯定具有表征或生活经验的心理副本形式。弗洛伊德式潜意识包含心理图像和驱力衍生物，如愿望、冲动、情绪，所有这些在弗洛伊德看来都是以合法的方式彼此关联的。更重要的是，潜意识包含所有被压抑的内容。

压抑的概念不能与弗洛伊德式潜意识分开。潜意识的内容是被压抑的，或者一旦窜入意识的觉察中就会被压抑；同时，被压抑的内容会自动进入并存在于潜意识中。在弗洛伊德的早期著作中，他认为一个被压抑的内容开始变得意识化时就会引发不愉快；在他的后期著作中，他认为这样的觉察会唤起心理冲突。总有许多内容需要被隐藏：起初是驱力衍生物本身；之后是那些我们用来将驱力衍生物保持在觉察之外的妥协物。在弗洛伊德的人性观中，压抑和潜意识二者都是与生俱来的，其中包含一种基本的、天然的恶和羞耻感。在弗洛伊德式潜意识的整个故事中，家庭和其他发展性背景都是次要的，因为儿童及其婴儿式本能愿望是后期问题的根本来源。因此，潜意识被描绘成内在的、无历史的、非情境化的罪恶的家园和源泉。

尽管这样的潜意识视角深陷笛卡尔式孤立心灵的思维中，然而对弗洛伊德而言，它还是发挥了重要的心理功能。在关于弗洛伊德元心理学的个人起源和主观起源的心理传记研究中（Atwood & Stolorow，1993），我们发现弗洛伊德通过将自己的痛苦归于自己全能的内在的恶 —— 他的乱伦欲望和凶残的敌意 —— 使自己免于觉察到母亲的背叛所带来的一系列令人痛苦的早期失望，以及这些失望所带来的强烈的情绪影响。在他重要的成年关系中，我们也能看到这种防御性的置换方式，包括他与威廉·弗利斯（Whlhelm Fliess）的关系、与他妻子的关系，以及他对临床案例的构想。弗洛伊德还把这种防御性的解决方案，以一种夸大的防御方式引入他的心理性欲发展和病理学理论。在这一理论中，初级的病原体被认为是埋藏在潜意识中的、难以驾驭的本能驱力。在这个理论视角下，理想化的父母形象，尤其是母亲的理想化形象被保存下来，弗洛伊德（1933，1964）在一个不平常的陈诉中，将母亲和儿子之间的关系描述为"所有人际关系中最完美、最不矛盾的"。弗洛伊德对俄狄浦斯神话的应用，完全忽视了父亲杀子的冲动在形成悲剧事件行动中所扮演的核心角色。同样的防御性原则，注定也塑造了弗洛伊德关于精神分析情境的观点，他缠绕在父母身上的防疫线也将被预设为"中立"的分析师包裹起来，因此病人的移情体验被看作仅仅源于病人孤立心灵内的潜意识内容，而不是由分析师的姿态和行为所产生的作用和意义共同决定的。

另一种选择：世界视域

现在，让我们把一系列与弗洛伊德不同的假设带入有关人类心理生活的潜意识问题。我们不从由意识、前意识、潜意识的隔间构成的笛卡尔式孤立心灵的实体这一视角出发，而是从多重情境化的体验性的世界这个概念出发，这是主体间性视角的基石。在弗洛伊德关于心理的地形学和结构理论中，我们看到的是活生生的个人体验被组织化的整体，其意识或多或少是根据确信的情绪勾勒的，或是根据一生的情绪和关系体验中形成的组织原则勾勒的。然而，我们所描绘的不是一个容器，而是一个与期望、诠释模式、意义有关的体验的系统，尤其是那些在心理创伤背景（如丧失、剥夺、惊吓、伤害、侵害等）下形成的体验系统。由于这些信念和组织原则往往是在反思性自我意识的领域外进行的，因此我们称之为"前反思的潜意识"（Atwood & Stolorow，1980，1984）。在这样的系统中，个体通常以重复性的、带着不容置疑的确定性的方式感知和认识确定的事物。个体无法感受或知道的事物是在他的体验性的世界这一视域之外的（Gadamer，1975，1991），它们并不需要一个容器。不同的精神病理所具有的僵化可以被理解为个体的体验视域的凝固，因而难以获得其他视角。或者说，个体总是把他们感到无法接受、无法忍受或对特定的主体间性情境而言过于危险的部分排除在外，并以这样的方式组织他的情绪和关系性的体验。

　　这种视角下的精神分析就不再是一种挖掘孤立的实体化潜意识心灵古迹的考古学了。相反，它是一种关于病人的体验性的世界的对话式探索，并意识到分析师的体验性的世界对持续的探索而言也是必不可少的。这样一种共情 - 内省的探寻，试图理解病人感受的世界是怎样的，其中包含什么样的情绪和关系性的体验，其千方百计、百折不挠地想要排除和阻止的是什么。它试图理解病人的信念脉络，理解以反思的（prereflectively）方式组织病人世界的规则或原则，这些规则或原则使病人的体验限制在其凝固的视域和有限的视角下。通过在对话过程中阐明这些原则，通过捕捉生活历史的来源，精神分析致力于扩大病人的体验视域，从而为更丰富、更复杂和更灵活的情绪生活提供可能性。

现在我们来进一步探讨与一个体验性的世界有关的有限视域的潜意识概念的理论和临床应用。首先，与被弗洛伊德看作孤立心灵内的一个固定的内部心理结构的压抑屏障不同，世界视域，就像它所界定的体验性的世界一样，被概念化为一个持续动力性的关系系统的突出特征（Stolorow，1997）。

由于在一个生活系统的关系内部形成和发展，体验性的世界及其视域被认为具有强烈的情境敏感性和情境依赖性，因此觉察的视域是流动的，并总在变化中。这产生了个体独特的主体间性历史，以及那些在构成他当下生活的主体间性场域内部的或允许、或不允许被了解的事物。我们将世界视域的概念作为主体间性系统的突出特征，与塞缪尔·格尔森（Samuel Gerson，1995）和蒂莫西·泽迪斯（Timothy Zeddies，2000）的"关系性潜意识"的观念，以及唐纳·斯特恩（Donnel Stern，1997）的"未被系统阐述的体验"的概念有密切的关系。斯特恩的观点和我们类似，他的观点强烈地受到伽达默尔哲学诠释学的影响，认为正是关系场"构成了认识的可能性——即我们能够所思所想，以及不能为之的潜在性"。

关于世界视域的观点在过去的几十年里得到发展，它开始于我们试图描述不同形式的潜意识主体间性的起源（Atwood & Stolorow，1980，1984；Stolorow & Atwood，1989，1992）。我们逐渐形成的理论最后落脚于这样一个假设，即通过早期环境提供的有效同调，儿童的意识体验开始逐渐清晰起来（Coburn，2001）。两种紧密关联但在概念上有所不同的潜意识形式，被认为是在极度不同调的环境中发展起来的。当儿童的体验并没有得到持续回应或被主动拒绝时，儿童就会把他体验到的部分看作不被照料者接受的，或是破坏性的。为了保护儿童所需要的联结，其体验性的世界的这些部分就必定被牺牲掉了。在这里，压抑被认为是一种消极的组织原则，总是根植于持续进行的主体间性情境，决定哪些意识体验的部分是不被允许充分表现出来的。另外，我们认为儿童体验的其他特性可能仍处于潜意识中，这并不是因为它们被压抑了，而是因为在缺乏有效的主体间性情境的情况下，它们根本无法被清晰化。这种形式的潜意识看起来与唐纳·斯特恩的"未被系统阐述的体验"的概念——"那些从未被带入意识中的材料"——非常相似。与这两种形式的潜意识相关，根据环境对儿童体验的不同领域的不同反应形式，觉察视域（horizons of awareness）的形式也有所不同。这种概念化也能被应用于精神分析情境中，在这一情境中，病人的"阻抗"表现也会根据分析师对病人体验的不同感受性和同调而起伏变化。

在婴儿的前语言期，通过与照料者的感觉运动对话中的同调性沟通，幼儿体验的清晰化得以达成。随着幼儿象征能力的成熟，符号逐渐成为与感觉运动的同调同样重要的工具，通过这个工具，儿童的体验在发展性系统中得到验证。因此，我们认为，当意识逐渐以符号的方式被清晰化时，在同等范围内的潜意识是非象征化的。当使体验清晰起来的行为被认为会威胁不可或缺的联结时，儿童会通过阻止以符号方式对体验进行编码的过程来完成压抑。

有趣的是，我们之前提到的对压抑的描述与唐纳·斯特恩关于解离的观点很接近，他把解离定义为一种"拒绝解释"的体验，一种防御性的"对语言（符号）清晰化的回避"。反过来，他又把解离与未被系统阐述的体验等同起来。我们认为，在这里我们最好称其为"系统阐述不良的体验"，这样我们就可以把认为太危险而主动放弃象征化的过程，与象征化过程在一开始就没有发生的情况区分开来。

然而，在我们看来尤其有趣的是，尽管精神分析师一直以来都在试图区分压抑和解离，但是斯特恩也用"解离"这个词来定义被我们称为"压抑"的过程——放弃象征化。这意味着什么？我们认为这意味着，在后笛卡尔式的哲学世界中，没有主体和客体之分，没有认知和情绪之分，也没有孤立的潜意识"心灵－实体"所包含的内容，我们不再有必要或迫不得已地区分类似于压抑、解离、分裂、否定、否认等术语。从一个情境主义的视角来看，我们认为这些术语涉及的都是各种有限的世界视域形式，以及各种披露和隐藏的形式，它们反映了在生活着的主体间性系统中形成和维持组织活动的模式。

对潜意识进行重新讨论的一个案例

为了从情境化的体验性的世界及其有限视域的角度来阐明关于潜意识的观点，我们选取了几十年前由我们中的一个当时还在受训的人进行的分析个案，并对其戏剧性的潜意识进行了重新讨论（Stolorow，1974）。在治疗时，这个个案是根据弗洛伊德自我心理学的假设呈现的，其中包含我们之前描述过的弗洛伊德式潜意识的特征。在这里，我们首先以当时这个个案被理解的方式来呈现其删减后的概况，它摘自一份已发表的报告（Stolorow & Lacnmann，1975）。接着，我们会从主体间性系统的视角来审视这个个案。

当安娜开始为期 4 年的分析时，她已经 31 岁了。她已结婚12 年，是一名主管。她主诉有弥散性的焦虑和严重的恐慌，她幻想的核心内容是丈夫会因另一个女人而离开她。

安娜出生于布达佩斯，早年在第二次世界大战和由纳粹控制的恐惧中度过。当她 4 岁时，父亲被带到了集中营，并最终死在了那里。在一次分析中，当分析师和安娜一起探索她是如何在当下与男性的体验中保存与父亲的关系时，安娜有了一个惊人的发现，这个发现被证明在她的治疗中起关键作用。她突然意识到她从未接受父亲死亡的事实。她大声说道，即使是现在，她都带着一种绝对确信的感觉，相信父亲还活着。分析的剩余部分围绕揭开这个根深蒂固的信念的遗传起源及其对性格方面造成的后果而展开。

4 岁时，安娜还没有发展出可以理解发生在她身上的这些糟糕事件的认知能力，尤其是父亲突然的、令人费解的消失。安娜周围的其他成年人，特别是她的母亲，没有为她提供足够的支持，帮助她整合战争的残酷现实及父亲的监禁和死亡。安娜的母亲歪曲了战争的现实，她告诉安娜炸弹的爆炸声只是摔门的声音。她也在安娜面前假装父亲从未被送到集中营，她从未直接和安娜讨论过他的死亡，也从不公开哀悼他的逝去，她以这种沉默的方式维持他还活着的错误观念。这些体验带给安娜的是一种困惑的感觉，不知道什么是真的、什么是假的。这种感觉在安娜的分析中被重新活化了，这让她发现了"父亲还活着"这个潜意识信念。母亲的遗漏和歪曲所造成的空白，让安娜只能用自己的幻想生活去填补，以使自己对那些令人费解的悲惨事件有一些理解，从而重获某种掌控感：

我不得不找一些理由，这一切看起来都太疯狂了。我无法接受这些事情居然发生了，而我却无能为力。我试图理解发生的事情是什么，没有人能够告诉我，没有人坐下来跟我说，我的父亲是在集中营里，还是已经死了。所以我就编造了自己的解释。

安娜用于"解释"父亲消失和持续不在场的幻想具有特定内容，这些内容在几个方面都演变成复杂的后果，包括她的自我发展的水平、围绕着父亲消失的特定的情况，以及父亲消失时她的心理性欲发展水平。

在自我发展方面，有证据表明4岁的儿童还没有获得死亡就是生命最终不可逆的停止这一抽象概念。在这个年龄阶段，死亡最多也不过被认为是一种潜在的、可能的离开，去往一个在地理上很远的地方。安娜在意识上用于解释父亲不在的所有幻想中的一个共同要素是，她认为父亲生活在国外的某个地方，有一天会回到她身边。在整个童年期和成年期（起初是在意识上，后来是在潜意识上），她对父亲的回归"一等再等"，并担心自己可能"算错了日子"，或者"犯了什么错"，使得自己错过了见他的"最后机会"。

与这种自我和超我发展水平相一致，在安娜的幻想中，她因父亲的离开及持续的不在场而责怪自己。在关于父亲离开的幻想中，有一个特定的场景是，事实上是她自己发现了让父亲去集中营报到的通知书，并把它交给父亲的。而她并不理解这意味着什么，也就没有在意。她甚至对有机会为父亲传递东西而感到兴奋。当她将通知书交给他时，她是欢快地舞动着到他身边的。之后，她发现这个通知书意味着父亲必须离开，她感到自己的开心对他而言是一件糟糕的事情。在他走后，她发展出了一种幻想，觉得父亲会因为她在传递通知书时表现得开心而恨她，因为她的开心意味着她并不在意他。她进一步幻想，如果她对通知书表现出"足够的歇斯底里"并以此来证明她的爱和忠诚，他就能重新回到她身边。

安娜对父亲消失的幻想性解释的最后一个方面——也许对于她的性格发展而言是最致命的——可以在心理性欲发展的变化中呈现出来。因为父亲在安娜 4 岁的时候被带走了，安娜对父亲消失的解释包含阉割焦虑和俄狄浦斯期的衍生物。她幻想父亲的缺席是因为她有缺陷、令人厌恶、对他而言毫无价值。然后她进一步幻想，他离开是因为他在别的地方遇到了另一个女人，并选择留在那里和那个女人生活在一起；如果安娜可以从那个偷走父亲的女人那儿把他吸引过来，他就会回来。

从分析过程中的材料来看，阉割焦虑的衍生物在她对父亲缺席的解释中扮演了更加突出的角色。父亲的丧失加剧并"固化"了阉割焦虑阶段特有的自恋性禁欲，这个阶段是安娜从父亲那里寻求完整感和自我价值感的时期。在安娜对丧失父亲的反应中，她发展出了一个清晰的、虚构的男性生殖器，从中我们可以看出阉割焦虑所具有的重要性。在童年早期，安娜有一个完全意识化的信念，即一个小小的男性生殖器从她的下体长出来，这个信念显然对于她那发展中的自我形象和性别认同感都具有灾难性的后果。

目前讨论过的各种解释和补偿性的幻想是否在技术层面符合防御性否认幻想，还是有待商榷的。看起来它们主要还是代表了一个 4 岁的幼儿试图去适应其认知不足的状态，也就是说，用特定阶段苦心经营的幻想，去填补她的环境中由于健在的成年人的支持不足所造成的不成熟的自我及其认知空白。

战争结束后，在安娜的认知、自我成熟及扩充的信息源使她能够开始接受并理解父亲被监禁和去世的事实的潜伏期，她开始构建一个煞费苦心的、防御性否认的幻想系统，这个系统一直发挥着使她的父亲存在下去的作用，直到最后经由分析被解除。在这之后的阶段，她的努力可以被恰当地描述为一种阻挡哀悼过程的否认，而在这个阶段，她其实正在发展出哀悼的能力。这种否认受到她对父亲那复杂、矛盾的依恋中带有力比多、攻击性和自我保护的要素鼓动。

为了持续构建这个否认的幻想系统，安娜必须不断丰富那些她最初用于解释父亲不在的已有幻想。为了否认他的死亡，她现在不得不紧紧抓着阉割焦虑和俄狄浦斯挫败的幻想不放。为了维持这个否认系统，她不得不选择并抓住那些关于父亲贬低、拒绝和排斥她的消极记忆，同时压抑所有关于父亲对她的爱、关心和肯定的积极记忆，唯恐这些记忆反驳并危及她的否认幻想。在安娜的成年生活中，她通过抓着那些真实的或想象的体验，来进一步支持她的否认幻想。这些体验往往是关于一个替代父亲的人贬低或拒绝了她，或者投身于别的女人的怀抱的。这些幻想反过来又强化了她的信念，即父亲拒绝了她或选择了另一个女人，但他还活着。此外，她阻挡自己体验到被爱、被肯定或被一个男人选择，这样她的否认幻想及她对父亲的热爱和忠诚就不会受到危害了。

正是从 10 岁到青春期早期这段时期的境遇，促使安娜的否认幻想最终固化为一种静态的、无懈可击的系统。在她 10 岁时，她的母亲再婚了。于是，安娜的否认幻想与许多和性相关的俄狄浦斯竞争冲突吻合起来，而安娜希望继父能够取代她已故的父亲，这进一步强化了她的否认幻想，并使其变得更加复杂。在这一时期，聪明美丽的安娜，开始觉得自己又丑又蠢、有毛病、"古怪吓人"，并且总是被她那虚构的男性生殖器占据心神——这些症状一直伴随着她，直到经由分析被消除。

母亲的再婚对安娜而言代表了环境中的成年人第一次心照不宣地承认了父亲的死亡，这对消除她的否认幻想造成了出其不意的威胁。因此，安娜被迫加倍努力地否认和补偿，以巩固她所有用于维持父亲还活着的机制。另外，她不得不鼓动自己，让自己感到完全不受继父的喜爱，并被继父虐待。因为识别和接受继父的感情和关心，可能意味着接受她的父亲也是爱她和在意她的，也意味着接受父亲的缺席是因为他死了。通过用各种阉割衍生物来阻挡继父，安娜确保自己不会"判断错误"，不会接受父亲的死亡，也不会接受继父。并且和她的母亲不同，她一直在准备着，等待父亲归来。

她的否认幻想最终固化在青春期早期，随着她进入发育期，与继父发生公然的性活动的威胁也加剧了。面对继父的性侵扰和引诱，安娜对自己说，"我的生父绝不会做这样的事情"，同时更加渴望父亲的回归。她幻想着父亲回来，而她的母亲选择与继父一起生活，她则留在父亲身边，享受他的关爱和保护，这就必然促使否认幻想的最终固化。父亲活着的否认幻想变成了一个静态的防御系统，并给安娜的自我形象、自尊及与男性相处的模式都带来了不幸的后果。

当然，上述大部分历史在移情中又成为重述要点。当分析工作对否认幻想构成有效的面质，并鼓励安娜接受父亲去世的事实时，安娜就陷入了充满愤怒的移情挣扎中，在想象中，她把分析师投射为在性方面侵扰她的继父，并威胁到了她对生父的热爱和忠诚。

治疗联盟经受住了这些移情风暴的考验，安娜最终能够修通移情并放弃她的否认系统。随之而来的最直接的结果是，她体验到了一个迟到的哀悼过程，允许自己想象父亲在纳粹手中所遭受的恐惧、漫长且备受折磨的死亡。（在这一期间，她也开始害怕分析师可能会死。）与哀悼过程的展开相一致的是，安娜对充满爱意的父亲的积极回忆也急剧恢复，伴随着这些回忆，她也找回了那些被压抑的、来自其他男性的爱意的回忆。现在，安娜清晰地认识到，她苦心经营了一个复杂的否认系统，把自己看作有缺陷的，并牺牲了有关父亲及其他男性的爱的记忆，以避免父亲经历可怕的、令人痛苦的死亡。现在她意识到，他当时肯定经历了这些痛苦。为了让父亲活着，安娜在过去牺牲了对父亲强烈的爱，而现在她却因延误对父亲如何死去的想象而感到痛苦。

可以预见的是，随着安娜接受并哀悼父亲的死亡，她也开始放弃自己是有缺陷的、不被喜欢的感觉。对否认系统和父亲死亡的修通，使被压抑、被分裂的充满爱意的父亲得以重现，并被再度整合。这反过来又导致了她的自我形象和自尊的显著且持久的提升，以及在她当前的生活中越来越强烈的被男性肯定和爱慕的感觉（Stolorow & Lachmann，1975）。

前面的这个案例报告表明，只要我们不去挑战弗洛伊德理论中浸透的笛卡尔式的孤立心灵假设，那么弗洛伊德式潜意识对于理解这样一个戏剧性的潜意识实例就能提供一个清晰明了且引人入胜的阐释。如果从主体间性系统的角度来重新思考这个案例，那么我们对这个案例的理解又会有何不同？我们能因此得到一个对治疗过程及其结果的更全面的理论解释吗？

首先，弥漫在这个案例分析中的心理性欲幻想——即不断重现的对生殖缺陷和竞争挫败的想象——不再被看作一个内在的、去情境化的、本能的、基础的展现，也不再被看作一个不可改变的、后天形成的、可以预先确定所有人类的发展轨迹的总体规划。相反，我们把这个具体的意象看作掌控了安娜的体验性的世界主题的戏剧化表征。在安娜的心理发展过程中，在她与照料者之间形成的主体间性互动模式中，这个主题被具体化了。当然，这些关系性的模式及其形成的组织原则本身，也受到根植于其中的历史、文化和语言情境的影响。

即使在很大程度上，安娜在父亲去世时具有的认知能力促成了关于这个悲剧事件的解释，它也必须被放在情境中考虑。安娜关于父亲的死亡所能了解到的内容，是由她感到照料者允许和不允许她知道的内容共同决定的。已发表的案例报告中提到的"母亲的遗漏和歪曲"，并不只是简单地体现了支持安娜整合战争和父亲死亡的残酷现实的失败，对安娜而言，它们还强烈地传递了在发展系统中，什么样的感知和知识是被允许的、可接受的。安娜"没有能力"知道父亲的死亡及后来的否认可以被部分地理解为服从了母亲不让她知道的要求，这个服从被紧紧地编织进安娜的感知世界中，固定了她的体验视域，强烈地限制了她的自尊，以及在与男性的关系中她对自己的感觉。

当聚焦于安娜的情感时，我们对她的潜意识进行了进一步的情境化。正如我们在前言中强调的，精神分析的动机性原则从驱力转向情感，是主体间性理论的标志性特点之一。我们认为，这个转向具有重要的理论意义，因为它自动地使得对人类的动机和潜意识进行情境化成为必要。正如阿隆（1996）指出的，聚焦于情感已成为当代精神分析理论的特征。哈里·斯塔克·沙利文（Harry Stack Sullivan）在讨论母婴之间发生的相互传染的焦虑时，就已经提前使用了聚焦于情感的情境化含义这一概念。

弥漫在安娜的体验性世界中的突出的情感状态，在已发表的案例报告中被省略了，尽管这在临床笔记中有充分的体现，也就是安娜所称的"难以名状的恐惧"。这一情感状态被她体验为身处一个危险的、毁灭性的世界中，并感到淹没性的孤独、脆弱和无助。随着她回忆起战争和纳粹年代的恐惧画面，尤其是父亲的监禁和死亡，这一情感状态在分析中一再重现。在这里我们认为，这些创伤性的状态最重要的特征在于，这种恐惧是"难以名状的"。如何理解这一点呢？

显然，我们之前讨论过的"母亲的遗漏和歪曲"不仅限制了安娜的认知，而且对她的情感发展也起到了极强的剥夺作用。母亲对安娜的情绪体验一直是视而不见的。当然，对于一个需要歪曲在家庭日常生活中发生的恐怖事件的母亲而言，她无法清晰、有效地同调女儿的恐惧及其他痛苦的感受。因此，安娜情感中最痛苦、最可怕的部分直到在分析中被清晰地呈现之前，依然处于没有被完全符号化的状态——"难以名状的"。另外，安娜似乎把母亲的歪曲体验为一种迹象，即安娜的痛苦情绪是不被欢迎的；她也把它体验为一种禁令，这种禁令让她不要去感受或命名自己的情感痛苦，而是把最无法承受的情绪状态拦在符号化体验的视域之外。因此，保持父亲还活着的否认系统的另一个来源——或许是最重要的来源——是安娜顺从了母亲的要求，她不去感受或说出自己的哀伤。

现在，我们从体验性的世界这一视角来重新考虑安娜的心理性欲幻想。安娜的世界被无法理解的创伤性丧失粉碎了，不仅因为这里笼罩着难以言说的恐惧，还因为没有人承认这一点。她的幻想可以被理解为，面对母亲的谎言，她不顾一切地试图从灾难的碎片中重构一个体验性的世界。她需要理解自己体验到的丧失和他人的否认之间明晃晃的不一致。这一理解的过程甚至需要更多的努力去填补她那被创伤性地毁灭的世界中缺失的部分。她的幻想不再被看作潜意识本能驱力的衍生物，而是被视为组织她体验的基本需要的创造性表达。正如我们提到的，因为安娜承受了足够多的创伤性意外，包括否认、不关心和失效的背景情境，这些幻想变得僵化，并且对安娜而言是十分有害的。然而，不论看起来多么古怪，它们还是能够被理解为试图去命名那些无法命名的部分所做的努力。

最后，通过考虑在发表的报告中被遗漏的另一个关键因素，我们对安娜在分析中的收获进行了情境化：分析师与病人的移情关系也是分析师在自己的分析中所探索的。分析师十分爱他的母亲，在整个童年期和青春期，他想尽办法释放母亲的情绪活力，他认为她的情绪活力被禁锢在长期木讷的抑郁之墙背后。这些感受在与安娜这个他深深地关怀着的人的关系中被强烈地重现。一旦安娜对父亲去世的否认呈现出来，分析师就能立马看到，她想要终止的哀伤正是能够解开束缚她的情绪活力的关键所在。如果他能够触碰她的哀伤，那么他就能为安娜做一些他从来无法为他的母亲做的事情。安娜的母亲不能忍受女儿的哀伤，与安娜的母亲不同，分析师想要并欢迎哀伤，而我们相信这一点是一个强有力的治疗性因素，它能够帮助安娜放弃否认系统，并欣然接受自己是一个令人渴望的、有价值的、可爱的女人。

安娜体验视域的拓宽发生在治疗性关系中，具体体现为她的生活历史得到了令人印象深刻的修正，在这期间她开始放弃否认系统，并为父亲感到悲痛。在某次分析会谈的一开始，她告诉分析师，她记起父亲给了她一辆"破旧的黄色玩具马车"，长久以来它一直是父亲对她缺乏爱的一个象征。然后，她说她想到已经"完全忘记了"的事情——最初父亲给她买的是一辆"崭新的、非常漂亮的"粉色玩具马车。在分析中，她想起自己无意中听到家人在讨论要给她一辆三轮自行车作为礼物，但是父亲反对，并坚持认为一个漂亮的女孩应该有一辆漂亮的玩具马车。她进一步回忆道，有一天她把珍贵的马车带到游乐场让另一个女孩玩，后来那个女孩就把它骑走了，然后就再也找不到了。于是，父亲买了那辆破旧的黄色马车替代丢了的那辆。（关于漂亮的玩具马车被偷，之后被一辆糟糕的黄色马车替代的记忆可能也是一种屏幕记忆，隐喻性地编码了反犹迫害给安娜的体验带来的破坏性影响。）她说她现在理解"遗忘"第一辆漂亮的马车、一个父亲的爱的象征起到了保持幻想的作用，通过对为什么他不再回到她身边这个问题给予"解释"，她使他继续活着。然后她想起了许多其他关于父亲爱她的例子。回忆起漂亮的玩具马车，同时也象征了她与分析师的关系中发生的过程，在分析师那里，她同时找到了一个能够帮助她哀悼的母亲，以及一个她在童年时期丧失的爱她的父亲。就像限制世界的视域一样，扩展认识的视域也只能在形成它们的主体间性情境中被理解。

分析师与安娜一起，为她那难以名状的恐惧创造了一个舒适的家。他承认她哀悼的需求，这使她能够去认识、命名并重组早期创伤性丧失带来的恐惧，而她一直被痛苦地困在其中。在她母亲允许的世界视域之外，这个丧失需要富有创造性的幻想，但是这些幻想变得僵化，因为它们阻隔了对话和询问。如果一个心理世界想要发展和扩大，类似的质疑性对话是不可或缺的。而且，也正是这种质疑性的对话，而不是对孤立的潜意识心理的挖掘，使得精神分析工作的精髓得以持续。

　　作为对安娜分析的重新概念化的回应，同事提出了这个问题：这个新的理解如何改变对安娜的治疗？关于安娜无法知道父亲的死亡所具有的治疗性含义，一个最清晰的概念上的转换是，我们现在不把它看作在丧失父亲时她的认知能力有限，而是看作对母亲要求的顺从，这使得安娜的哀悼一直没有被命名。对在多年前进行的分析过程做事后预测，难度是相当大的。在我们看来，对安娜潜意识的不同理解，可能会给分析过程带来重大的改变，在她"充满恨意的移情挣扎"中，她的分析师主动面对她的否认幻想，并鼓励她接受父亲的去世。伴随着新的理解的支持，在这些挣扎重复出现的过程中，他能够探寻安娜是否担心他可能无法忍受她浮现出的哀伤，就像她的母亲一直做的那样，同时探寻她是否在回应来自他的任何可能产生类似期待的事情。她会因此把他的面对和鼓励体验为治疗关系走向失败的一种邀请吗？这一情绪确信的启发，组织着安娜关于分析性交流的体验，极大地深化了治疗性联结，进一步拓展了她哀悼的能力，更广泛地讲，拓展了她体验、命名和整合痛苦情感的能力。

然而，作为一种"事后诸葛亮"的进一步反思，我们要意识到，在分析中，分析师观点的改变已经发生了。在情境中，安娜的分析师已经与她开展工作了，虽然他的指引性框架还处于萌芽状态，还未被系统阐述，还是前反思的、难以形容的。直到多年后，当他的交流性的情境思考能够使他的世界视域更为拓宽，并采取一种关于病因学和治疗过程的主体间性系统视角时，处于发展中的、临床风格的、前理论性的部分才能被清晰地命名。我们相信，一个分析师的理论视域如果有类似这样的扩展，将会对治疗结果起到有益的作用，在一定程度上，这样的扩展提高了分析师理解病人迄今仍然含糊的体验性的世界的能力。然而，到目前为止，由于分析的二元关系作为一个复杂的、非线性的动力系统在起作用（Stolorow，1997），因此任何对促成改变具有特定治疗性作用的因素（如分析师的理论）都无法被准确地预测。当我们开始发展关于主体间性情境在分析过程中的作用的观点时（Stolorow，Atwood，& Ross，1978），我们无法预测这一扩展的视角对治疗实践起到的结果和有效性，如对精神病性状态的治疗（见第 7 章）。因此，我们带入治疗行为理论的态度是一种可误性的态度（见第 5 章），我们要轻松而不是墨守成规地看待它们。在当前精神分析世界风云变幻的视域中，还有许多未知之处。

第3章

科胡特与情境主义

"我"通过使世界成为我的世界而呈现。

——路德维希·维特根斯坦

世界是我所有思想和所有外在感知的自然环境和场域……人是在世界中的，也只有在世界中，人才能认识自己。

——莫里斯·梅洛 - 庞蒂

一个原创者所能做的最多的事情就是把前辈重新放在一个背景情境中。他不可能渴望创作出自己无法语境化的作品。

——理查德·罗蒂（Richard Rorty）

本章的意图是描绘一幅海因茨·科胡特的肖像，在这个肖像中，他是后笛卡尔主义和完全的情境精神分析心理学发展中的一个关键过渡人物。我们将讨论他在两个方面的努力，即他将精神分析理论从笛卡尔式孤立心灵思维方式的传统中解放出来，以及他的观点在多大程度上依然深陷其中。因此，鉴于尊敬他在精神分析思想变革中巨大的历史重要性，我们也会向那些将他的话视为"空前绝后"的人提出挑战。

首先，让我们以一种历史性情境的方式来处理这一主题。我们先讨论科胡特及我们自己的情境主义的历史起源和发展过程。在一系列 20 世纪 70 年代中期面世的心理传记研究中，我们找到了精神分析情境主义的早期萌芽，探索了弗洛伊德、卡尔·荣格（Carl Jung）、威廉·赖希（Wilhelm Reich）、奥托·兰克（Otto Rank）等人的理论体系的个人化的主观起源。这些研究构成了我们的第一本书《云中的面庞》（Stolorow & Atwood，1979）的基础。虽然这本书的第一版没有介绍主体间性的概念，但这一概念已经清晰地暗含在我们的阐述中——一个心理理论家的主观世界如何深深地影响他对另一个人的体验的理解。从这些研究中，我们得出结论，精神分析需要的仅仅是一个主体性理论本身，即一个整合性的框架，它不仅能解释其他理论所处理的现象，也能解释这些理论本身。由此，我们势不可当地转向了精神分析的一个全然现象学的概念。在我们看来，在所有抽象的和普遍的层面，精神分析理论都是一个关于人类体验的深度心理学，关注其发展、潜意识组织及治疗性转化。因此，在接下来出版的书中（Atwood & Stolorow，1984），我们发展了主体间性场域的概念作为基础理论建构的框架，这本书的书名是《主体性结构：精神分析现象学中的探索》。

如果说对精神分析理论主观起源的探究将我们引入了现象学，那么反过来，正是对现象学的承诺使我们最终承认了一种完全情境化的主体性。我们认识到，主体性只能是一个主体在历史情境中的体验。成为一个体验着的主体，就是被置身于过去、现在和未来的主体间性情境。胡塞尔的现象学还原被转化为关于复杂性和过程的现象学阐述，作为更大范围的关系系统的属性。坚持不懈地关注人类体验的组织，劈开所有孤立的、物化的心理实体，揭示了人类体验是不可避免地根植于其构成性的主体间性场域的。弗洛伊德（1923，1961a）的心灵内部决定论让位给了一个彻底的主体间性情境主义。

在我们看来，从现象学到情境主义的发展进程，也是科胡特思想发展的一个核心特点。我们通过探查精神分析理论的主观起源来形成精神分析的现象学概念，而科胡特（1959，1978）早已通过探查精神分析中观察模式和理论二者之间的关系，在我们还不知道的时候就形成了类似的概念。带着科学理论必然与科学的调查方法相一致的假设，科胡特推论，既然精神分析方法总是以内省和共情作为其核心成分，那么只有在原则上能够被内省和共情的内容才属于精神分析理论的范畴。虽然科胡特没有直接这么说，但他在这里基本上是在论证，就像我们后来提及的，精神分析理论必须是关于人类体验的深度心理学，因为只有人类体验及其兴衰是可以被精神分析方法研究的。例如，本能驱力这样的概念，要从精神分析理论中被抹去，代之以驱力的主观体验。补充一句，驱力的主观体验是一种情感状态。然而，除了对俄狄浦斯期再一次的系统论述外（1977），科胡特没有继续对情感进行进一步的关注。他在三本书中（1971，1977，1984）反复提到驱力的概念，虽然他逐渐将它们降为一个次要的角色。

　　尽管采取的方式不同，科胡特对现象学的强调还是将他引入了情境主义。为了理解其中的不同，我们将再次回到历史背景中。当心理传记研究将我们引入现象学时，我们还只是对人格理论比较感兴趣的学院派心理学家。对于人格心理学领域里充斥着竞争的流派和学说一盘散沙的状况，我们感到震惊，于是我们想要构建能增加普遍性和包容性的理论思想，并为一个整合性的框架提供基础。年少轻狂的我们相信，精神分析现象学作为一个框架已足够宽广，可以涵盖个人主观世界的所有丰富性、多样性和多维性；我们希望精神分析现象学能够为人格心理学带来学术上的变革基础，从而恢复它所失去的对研究人类体验和行为的贡献。讽刺的是，我们的观点在临床实践领域产生了更大的影响力。

相比之下，科胡特并不是一个学院派，尽管他本可以成为一个学院派。他是一名精神分析临床医生，在 20 世纪 60 年代中期，他开始关注自恋和自恋障碍的临床问题。因此，科胡特经由现象学转而进入情境主义，实质上是对自恋的情境化。这一理论贡献虽然受到笛卡尔思想的阻挠，但还是为精神分析研究及对个体毁灭体验的理解（见第 7 章）开辟了道路，同时也显著影响了我们的临床思考。自体客体功能的概念（Kohut，1971）强调，自体体验的组织总是由自体感受到的他人的回应共同决定的，这是情境化的一个最好的例子。在科胡特看来，自恋和自恋障碍不再被看作一个能量处理机的机械化的产物（在这个机器中，拦截的力比多贯注被分流进原始唯我论的港湾中），而是被认为根源于照料者在提供发展所需的心理营养物上的失败，是一种人类关系的失败。这一自恋情境化的结果是，哲学家戈特弗里德·莱布尼茨（Gottfried Leibniz）的"无窗单子"能够发现一些窗口了。坏消息是，正如我们所见，它们在根本上依旧是单子。

伴随着科胡特对自恋的情境化产生的是临床的敏感性，他明确地留意到分析师对移情联结的破坏具有贡献。暴风骤雨般的移情反应并没有被理解为病人孤立心灵内部的病态产物，用我们的话说，而是病人 - 分析师系统属性的呈现。

与自恋的情境化一样具有价值和开创性的，是科胡特（1977）随后将他的自恋心理学提升到作为整个人格的元理论的高度——关于自体的精神分析心理学——这一做法带来了一些棘手的问题。首先，自体心理学是单向度的，只关注体验和移情——以及其形成、破坏、修复过程——中的自恋或自体客体维度，这一特点逐渐变得具有还原性，它忽视了其他重要维度，因而不能情境化其他重要维度。更成问题的是，它潜伏着从现象学转向实体论、从体验转向实体的危险，这种转向使人想起弗洛伊德（1923，1961a）从"以潜意识情绪冲突为中心"转向用假定的三位一体的心理结构进行解释的做法。科胡特从现象学跳跃到实体论，这意味着作为一个在持续存在的情境性的摇篮中产生的、流动地展开的体验的自体，被替换成一个具体化的、高高在上的、能动性的实体，一个具有极点和张力弧的本体存在，其发起的动作是为了恢复自身那具有妥协性的内聚力。这样的具体化过程，在他的临床理解中也以绝对化、普遍化的形式存在。在这样的具体化中，科胡特苦心经营的对自恋的情境化也被部分地瓦解了，这导致对心理缺陷过分崇拜式的强调，并产生了关于自体缺陷的学说（Orange，Atwood，& Stolorow，1997）。在这里，笛卡尔式孤立心灵又以一种浪漫的形式回到了原始核心自体中，带着固有的、预先确定的设计，等待一个能够使它展开的响应性环境。相反，我们的观点是，在每一个点上，自体体验的轨迹都形成在生命周期中，并在主体间性情境中得以明确。现象学使我们永远保持情境性。

正如霍华德·巴卡尔（Howard Bacal）和肯尼思·纽曼（Kenneth Newman）提出的（1990），科胡特似乎并不乐意将他的框架看作关系性的或双人理论，这可能是因为他想要保持与弗洛伊德式精神分析心理内部的（即笛卡尔式的）传统联结，并防止被认为具有人际间或社会心理学的特征。相反，后笛卡尔式情境化的心理学放弃了执着于心理内部与人际间的二元区分，承认对个体而言，他的体验性的世界只是包含在一个关系性的或主体间性的上级系统中的一个子系统（Stolorow，1997）。

接下来，我们将讨论精神分析转向情境主义的认识论维度。我们已经提出，这一转向本身就是精神分析思维变得情境化的过程，它具有视角主义或透视现实主义的特点（见第 5 章）。精神分析中的笛卡尔式孤立心灵的思维方式在历史上一直与技术上的理性（Orange, Atwood, & Stolorow, 1997）和客观主义认识论相关联。科胡特是精神分析思想从笛卡尔式转向后笛卡尔式认识论的过渡人物，这可以从以下事实中看出来。一些评论者，如罗伯特·莱德（Robert Leider，1990）和墨顿·吉尔（Merton Gill，1994），在科胡特的著作中发现了显示其客观主义态度的证据；另一些人，如我们（Stolorow，1990；Orange，

2000），则发现了其指向视角主义的前沿性思想。后一种倾向可以在科胡特所主张的、持久的信念中反映出来，他相信"我们对现实的感知具有相对性，塑造我们的观察和解释的有序概念框架也具有相对性"（Kohut，1982）。在《精神分析治愈之道》（*How Does Analysis Cure?*，Kohut，1984）一书中，他明确地将从传统精神分析到自体心理学的转向与从牛顿物理学到普朗克的原子和亚原子颗粒物理学的转向（在这个过程中，"被观察的领域必然包含观察者在内"）进行了对比。这一观点与我们（Stolorow & Atwood，1979）早期强调的观点是高度契合的，我们认为在精神分析理论的创造过程中，观察者和被观察物之间是不可分割的。

除了这些重要的进展，科胡特的思想中还是有笛卡尔式客观主义认识论的残余，这一点尤其体现在他对分析性共情的概念化过程中。他恰如其分地将适当的分析性姿态定义为"一种期待的回应，一般来说，这种期待来自那些毕生致力于帮助他人的个体，他们通过共情性地浸入他人的内在生活而获得洞见，并带着这种洞见来帮助他人"（Kohut，1977）。令人遗憾的是，他同时也称这种共情"在本质上是中立的和客观的"（Kohut，1980），从而将它去情境化了。共情的姿态从来都不是中立的，不像传统的关于节制、匿名、等距的准则那样，它根植于理论化的信念系统，为了促进自体感的发展而强调情绪响应的作用

（Stolorow & Atwood，1997）。另外，正如科胡特（1980）自己充分理解的那样，"一个能使个体将自己的'共情意图'持久地延伸向他人的情境"肯定不被病人体验为中立的，如其所是，它是深深地渴望被理解的相遇过程。

关于"分析师的共情意图是客观的"这一论点，特别具有笛卡尔式假设的意味。这似乎是说，一个孤立的心灵（分析师的）透过一扇窗进入另一个孤立的心灵（病人的）的主观世界。分析师将他自己的心理世界几乎全部留在外面，用一双纯然的、不带先入之见的眼睛直接注视病人的内在体验。从我们所在的最佳位置看来，这个有关"完美无瑕的看法"的学说，否认了分析性理解所固有的主体间性特性，即分析师的主观性做出了持续的、不可消除的贡献。对情境主义取向而言，去中心化（Piaget，1970，2974；Atwood & Stolorow，1984）意味着反思性地意识到，我们的分析性理解是如何受到自己的个人组织原则的影响的，而不是将这些原则从分析系统中驱逐出去。

唐纳·斯特恩（1997）对比了自体心理学和关系性精神分析的不同认识论立场，与弗雷德里希·施莱尔马赫（Friedrich Schleiermacher）和伽达默尔截然不同的诠释学方法之间的相似之处。施莱尔马赫认为，一个文本通过共情性地进入作者的内在世界而被诠释；伽达默尔则认为，诠释只有从根植于诠释者自己的传统历史性视角才能获得。

视角主义拥抱诠释学的公理，认为所有人的思想都涉及诠释，因此我们对任何事物的理解总是源自一种视角，这种视角受到我们自己组织原则的历史性的塑造和限制（Orange, Atwood, & Stolorow, 1997），受到被伽达默尔（1975, 1991）称为"偏见"的先入之见的结构的塑造和限制。所有精神分析性的理解都是诠释性的，这一观点意味着并不存在去情境化的绝对或普遍性，不存在中立或客观的分析师，不存在完美无瑕的洞察，不存在对任何事物或任何人的"上帝"视角（Putnam, 1990）。这样一个可误性的态度（见第 5 章）鼓励我们不仅不要对理论墨守成规，而且要对任何在治疗的主体间性场域中共同创造体验意义的特定观点淡然处之。这使我们的视域对意义的多元和不断展开的可能性保持开放。

我们对科胡特的工作进行批判性的检视，并不是要贬损他的贡献。我们认为它具有深厚的历史性意义和巨大的临床价值。我们想要批判和试图解构的，是几种形式的偶像崇拜。偶像崇拜阻碍了对话，而从精神分析思想共同体的观点看来，对话高于一切，正是对话促使精神分析理论变得越来越情境化、越来越普遍、越来越具有包容性。

第 4 章

关系性精神分析中的笛卡尔哲学倾向

在带来如愿以偿的改变时，我们所遇到的最大困难之一，是这样一种几乎不可避免的幻想，即认为有一个持续的、独特的、单一存在的自我，（这个自我）以某种奇特的方式，作为病人或主观个体的私人所有物而存在。

——哈里·斯塔克·沙利文

在过去的几十年间，一些观点已经出现，这些观点期望在不同程度上将精神分析理论从笛卡尔孤立心灵的思想中解放出来。在所有致力于创建一个后笛卡尔式精神分析理论的努力中，有科胡特的自体心理学（第 3 章）、我们的主体间性系统理论（Stolorow & Atwood，1992），以及以斯蒂芬·米切尔（Stephen Mitchell）和刘易斯·阿隆的重要著作为代表的美国关系理论。

虽然米切尔（1988）并没有受我们早期在精神分析中致力于阐释的主体间性及情境主义视角（Atwood & Stolorow，1984）的影响，但是他对关系模型理论的一般描述与我们的观点高度契合：

> 在这个构想中，研究的基本核心不是作为一个分离实体的个体，而是一个互动的场域，其中个体想要并努力建立连接，明确地表达自己。欲望总是在关系的情境中被体验的，而正是这个情境定义了它的意义。心灵是由关系性的结构组成的……体验被理解为通过互动形成的结构。

在一个类似的脉络中，阿隆（1996）写道：

> 关系性理论基于这样一个转向，即从经典的观念转向关系性的观念。前者认为研究的主体是病人的心灵（在这里，心灵被认为是独立自主地存在于个体边界内部的），后者认为心灵在天性上是二元的、社会的、互动的和人际间的。从一个关系性的视角出发，为了探究心灵，分析的过程必然涉及对主体间性场域的研究。

在本章，我们试图论证，尽管米切尔、阿隆和其他关系性思考者做出了重要贡献，将精神分析理论重新塑造为一个情境

性的理论，然而，在关键的方面，关系性精神分析依然落入了
其致力于推翻的笛卡尔主义的魔掌。首先，我们会简单回顾沙
利文和费尔贝恩（Fairbairn）的工作，这两位理论者的贡献常常
被视为当代关系性理论的先驱工作。之后，我们会对许多关系
性的对话中出现的"此时此地"思维提出疑问。在讨论一些有
影响力的主体间性概念后，我们会对投射性认同这一概念进行
批判，这一概念目前在关系性理论圈子里很时兴。最后，我们
会看一看在关系性理论中流行的混合模型。

　　我们希望强调一下，我们在这里批判性地评论的这些著作
在理论上都是具有进步意义的，并且都有深厚的历史意义和巨
大的临床价值。不可否认，我们的批判是片面的，其目的不是
公正且平衡地描绘这些研究的贡献，而是试图揭示和挑战哪怕
在最进步的观点中仍然暗含的笛卡尔式假设。我们甚至一直在
自己的思想中寻找类似暗含的假设。同时我们也意识到，对传
统精神分析的笛卡尔主义的挑战，最早是由"存在精神分析"
提出的（May，Angel，& Ellenberger，1958）。然而，这些进行
存在主义分析的作者试图将取自孤立的哲学反思的概念——如
海德格尔的本体论分类（1927，1962）——引入精神分析理论，
而不是将他们的想法扎根于精神分析情境的主体间性对话中。

沙利文

人际间精神分析发展自沙利文（1950，1953），他试图通过强调社会互动的向心性来取代弗洛伊德理论中的内在心理决定论。沙利文甚至希望在社会科学领域重新定位精神病学和精神分析。然而，他探究的立场却是摇摆不定的，一会儿站在涉及互动（主体间性视角）的体验性的世界内部，一会儿站在事物的外部，试图做出符合"同感效证"（consensual validation）的客观观察。后一种立场可以从沙利文的"情绪失调的歪曲"这一概念中看出来。这一概念是指，在这个过程中，一个人对他人当前的体验，被认为是由于受到他过去的人际历史的影响而"变形"的。我们期望在这里指出，"情绪失调的歪曲"这一概念是笛卡尔孤立心灵学说的一种变体，一个与"客观"现实分离的心灵，这个心灵要么理解准确，要么歪曲理解。这一客观的立场是与前一种立场相对立的，前一种立场认为，一个人的现实总是由周围环境的特征及个体看待这些特征的视角共同决定的。

费尔贝恩

费尔贝恩（1952）元心理学的基石是，他假定心理的首要驱动是个体的关系性，而不是本能的释放。因此，对费尔贝恩而言，力比多总是寻求客体的，而不是寻求快乐的，它是关系性的，而不是享乐的。根据费尔贝恩的理论，婴儿与照料者的关系只有在遭遇失败时才会出现内化。婴儿试图通过将需要的他人的坏的部分变成他自己的一部分，来剥夺、破坏或损伤关系，从而保护联结，维护获得爱的希望，并实现对周围环境进行全能控制的幻想。一个充斥着分裂和压抑的内在心理世界，作为与照料者的有缺陷的关系的一种防御性和补偿性的替代物就这样被建立起来了。在费尔贝恩的观点中，与笛卡尔主义相去甚远的最重要的一点是，心理的基础结构化过程被看作与他人互动的早期体验模式的结果。心理发展是婴儿 - 照料者系统的产物。

　　尽管费尔贝恩强调了周围环境在早期发展经历中的重要性——米切尔（1988）恰当地将其命名为"发展倾斜"——但是，在费尔贝恩的理论观点中，内在心理世界一旦建立起来，就会被视作一个操作性的封闭系统、一个笛卡尔式的容器，其中居住着一系列内化的角色。这些内化的客体关系被看作具有动力性的主动结构，有时表现为内驱力，有时像有生命的恶魔一样自主独立。因此，在关于完全结构化的心灵的观点中，费尔贝恩重新回到了一个孤立心灵的形象，这个心灵的活力与周围环境的构成性的影响相隔离。在分析的情景中，这一笛卡尔主义的残余阻碍了分析师对病人的移情体验进展的识别和探索，这些移情体验是由分析师自身的人格、理论假设和解释风格共同决定的。

费尔贝恩的发展理论强烈地影响了之后的客体关系理论家的工作。例如，奥托·科恩伯格（Otto Kernberg，1976）提出了对弗洛伊德驱力理论的修订，他将人格结构的基础材料描绘成由自体形象、客体形象和情感构成的单元。具有积极情感效价的单元被认为合并进了力比多驱力中，而那些具有消极效价的单元则构成了攻击驱力的基础。尽管科恩伯格承认情感具有早期发展上的和动机上的重要性——"发展倾斜"的另一个例子——然而，情感状态一旦被整合进持久的自体 - 客体 - 情感单元中，就会表现为内驱力，并在笛卡尔式孤立心灵的边界内激起和触发各种扭曲的防御性活动。因此，在持续进行的主体间性系统中，情感体验的终身根植化便丧失了。

此时此地的思维

在当前关系性对话所考虑的各种情境中，迄今为止最突出的是被分析者 - 分析师的二元对立。关系性理论家，诸如米切尔（1988）、阿隆（1996）、欧文·霍夫曼（Irwin Hoffman，1983）

和欧文·雷尼克（Owen Renik，1993），不仅对理论上和临床上专门聚焦于心理内部的现象提出了广泛的批判，而且主张持续关注分析师对临床现象及意义的形成和转化的贡献。我们在工作中坚持认为，分析师和病人形成了一个不可分解的心理系统，两名参与者的组织活动对于理解在主体间性场域中发展出的意义和僵局都至关重要。因此，一个重要的情境考虑——此时此地——包含主观世界的互动，以及病人和分析师二者的组织活动，其中涉及分析师的理论和两名参与者的文化传统。

然而，分析师即使聚焦于二元情境，也容易受到以原子论和非时间性的形式出现的笛卡尔主义残余的影响。一些关系性理论家（Gill，1982；Mitchell，1988）倾向于给予此时此地或当下情境以特权。他们倾向于降低发展性背景的重要性，仿佛认真考虑这些就会使病人婴儿化，或者造成发展倾斜一样。也许，他们与我们共享一个理论观点：发展性的思维容易具有还原性，或者容易倒退为机械论的客观主义。如果真是这样，我们就失去了在主体间性系统中发现和形成心理意义的复杂性，落入因果起源或病因学等过分简单化的观念。无论如何，我们相信，历史 - 发展的及跨区域的背景或维度并不能被干净利索地剥离掉，并且，我们必须将注意力认真地聚焦于它们的渗透性。在本体论上，我们认为过去和未来不可避免地卷入所有当下 的 时 刻（Bergson，1910，1960；Heidegger，1927，1962）。

在认识论上，我们认为认识一个独立的时刻是不可能的。在临床上，我们发现我们自己、病人，以及精神分析工作总是根植于构成性的过程。过程意味着暂时性和历史。情境性的工作就是发展性的工作。发展性的工作就是对过去、现在和未来的体验保持一种持续的敏感性。发展性的思维拒绝快照式的观点——雅克·德里达（Jacques Derrida，1978）和乔纳森·卡勒（Jonathan Culler，1982）称之为"当下的形而上学"，或者"去情境化的时刻或互动"——与此同时，发展性的思维会对来自一方并朝向另一方的人们的情绪生活进行确认。

不幸的是，对关系性理论进行严肃的尝试，依然可能使我们陷入原子论的思维。例如，卡伦·马洛塔（Karen Maroda，1991）在他那颇具胆识和洞见的讨论反移情的著作中有如下见解："我们能采取的、唯一站得住脚的立场，就是聚焦于治疗师和病人此时此地互动的特性和情绪状态，以决定何种方式对于尽可能的真诚和人性而言是最有裨益的。"

没有发展的敏感性，而有意地强调个人的当下及分析师与病人的卷入度，会导致分析师孤立地看待当下的时刻。随后，这种此时此地的思维就变成了一种新的技术原则，导致分析师过分强调雷尼克（1999）所说的"自我暴露的伦理"，或者莫顿·沙恩（Morton Shane）、埃丝特尔·沙恩（Estelle Shane）、玛丽·盖尔斯〔Mary Gales）所说的由分析师提供的"积极的新体验"（1997），它并不是由发展性地预先形成的组织原则构成的，就好像有可能把不具有历史性的经历冻结在一个孤立的时刻一样。讽刺的是，分析师越是出于好意，越是深思熟虑地试图以关系性的方式去理解临床过程，就越有可能受到关于人类特性的反历史的、去情境化的、笛卡尔式的概念的破坏。以情境化的方式进行思考，意味着保持持续的敏感性和不间断地关注情境的多元化——发展的、关系的、与性别相关的、文化的，诸如此类（Orange，Atwood，& Stolorow，1997）。

主体间性和相互认可

主体间性的概念在当前的关系性理论中成了一个重要的主题。然而，不幸的是，主体间性一词由于被以各种相互混合和混淆的方式使用，在抽象和一般的层面也具有截然不同的意义，近年来关于主体间性的精神分析论述也是一团迷雾。发展主义者，如唐纳·斯特恩（1985），使用"主体间性的关联性"（intersubjective relatedness）一词，来指代将另一个个体识别为一个分离主体的发展性能力。类似地，杰西卡·本杰明（Jessica Benjamin，1995）吸收了黑格尔（1870，1977）关于自我意识是通过个体反思性地意识到另一个个体而实现的观点，将主体间性定义为一种相互认可。相反，托马斯·奥格登（Thomas Ogden，1994）将主体间性等同于一种前反思的、在很大程度上是身体性的、分享的体验维度。在我们看来，这只是其中一种维度，我们称之为"潜意识的非言语情感交流"。对我们来说，主体间性的含义更为宽泛、更具有内涵性，其中形成的所有体验，不管处在何种发展水平上——语言的或前语言的、分享的或单独的（Stolorow & Atwood，1992）——指的都是关系性的情境。一个主体间性场域——任何系统都是由互动的体验性的世界构成的——既不是一种体验模式，也不是一种体验分享。它是具有任何体验的情境性的先决条件（Orange，Atwood，& Stolorow，1997）。

主体间性的黑格尔式相互认可模式使得临床工作焦点发生了变化，病人认可分析师的主体性，这个目标似乎定义了精神分析的过程，并且可以作为评价精神分析是否成功的一种标准。例如，本杰明（1995）主张"在一个理论中，每个主体不再起绝对的支配作用，这样的理论必然面临的困难是每个主体都需要认识到他人也是同等的体验中心"。她的相互认可理论"假定为了使自体完全地在他人在场时体验他自己的主体性，主体必须将他人认可为另一个主体"。在我们听来，本杰明的主体，不论是"自体"还是"他人"，听起来都非常像单子论的笛卡尔式心灵实体，只是他们的客观性和独立性并不是预先给予的，而是通过相互认可的互动过程实现的。

在本杰明的框架内，幻想是相互认可的对立物，因为"所有的幻想都是对真实的他人的否定"。这个真实的他人被定义为"被感知为外在的、与我们活动的心理场域不同的一个人"。在这里，我们看到其观点急剧回归到笛卡尔式主体 - 客体分裂中，将绝对的外在现实与感知、歪曲和否认它的心灵分离开来。但是，根据那些去情境化的、先入为主的"上帝"视角的观点（Putnam，1990），我们能够说什么是真实的，什么又不是吗？虽然尤尔根·哈贝马斯（1971，1987）对主体间性这一概念的使用启发了本杰明，但她（1998）还是批评其没有"充分关注主体的毁灭性全能感"。即使是哈贝马斯也不会声称其对沟通过程有最终确定的或预先的了解。

可以看出，梅兰妮·克莱茵（Melanie Klein，1950b）关于内在毁灭性的观点已经在一些关系性的层面逐渐发展为一种否定"真实"他人的观点，虽然唐纳德·温尼科特（Donald Winnicott，1969，1971）可能使这一观点变得更加令人愉悦。另一个黑格尔式的克莱茵派人物奥格登（1994）将精神分析定义为"体验、理解和描述这一辩证性的转换性质的努力，这一转换形成于被分析者对分析师的创造和否认，以及分析师对被分析者的创造和否认"。本杰明和奥格登的概念化有一个共同的构想，即实体化的笛卡尔式心灵相互认可、创造和否认。虽然黑格尔的反思模型受到了 20 世纪现象学家和存在主义者的彻底批判，但看起来它还是成为某些关系性精神分析者用来劝诫的方式，期望让具有攻击性的克莱茵式婴儿变成更道德的、不那么自私的成年人。这样一个潜在的道德议题产生了一个有害的临床后果，即本来作为提问对话或共建意义的精神分析（Orange，1995）倒退为分析师将认可的要求强加在病人身上，并且病人认可的能力被看作衡量分析过程的方法。相反，我们的主体间性系统理论并不强加这种预先决定的发展结果，只是扩展病人体验的视野，丰富他的情感生活的可能性。在动力性的主体间性系统中，发展的结果或治愈性的过程是不带有强制性地自然发生的，而不是预先设定的或可预测的（Stolorow，1997）。

本杰明声称，我们的观点应该被归为一种人际间理论，从而支持她自己的相互认可理论中的主体间性概念。但是，纵观人际间理论的发展历史，我们发现它常常过分聚焦于明显的社会行为，涉及谁对谁做了什么的问题，如病人的挑衅、操纵、胁迫、先声夺人，诸如此类。相反，我们的主体间性视角并不是关于行为互动的理论。它是一种现象学场域的理论，或者动力系统理论，试图阐明相互交织的体验的世界。这是我们最初使用主体间性一词的含义（Stolorow，Atwood，& Ross，1978）。

投射性认同

我们将投射性认同的概念视作关系性精神分析中最后一个看起来无懈可击的笛卡尔主义堡垒。当代关系性理论家通常使用人际间版本的投射性认同概念，也就是克莱茵（1950b）所描绘的，一种最初的幻想被转化为一种实际的、互为因果的人际间过程，在这个过程中，个体要将他自己的部分置换到另一个个体的心理或身体中。在这个层面，我们来看下科恩伯格（1975）关于英格玛·伯格曼（Ingmar Bergman）的电影《假面》（*Persona*）的讨论：

> 最近的一部电影描绘了一名不成熟但基本上正派的年轻女护士，在照顾一名患有严重心理疾病的女性时几近崩溃的故事……面对冷酷而肆无忌惮的剥削，这名年轻护士逐渐崩溃了……那名患病的女性看起来似乎只能靠摧毁对另一个人而言有价值的东西才能存活……在戏剧性的发展中，护士对这名患病的女性产生了极度的恨意并残酷地对她进行了虐待……就好像这名患病的女性内在所有的恨意都转移到了帮助她的人身上，并从内部摧毁了这个帮助她的人。

在这里，我们看到了一幅笛卡尔式孤立心灵不受约束的漫画，它呈现了一个单向的影响系统，其中，主体自身全能的内在心理活动不但创建了自己的情绪体验，也创建了另一个人的情感状态。

投射性认同具体描绘了一个心灵实体如何将它的内容转移到另一个心灵实体中，我们认为投射性认同的学说具有笛卡尔式孤立心灵思维的特征。然而，这个概念不论以何种形式呈现，在当前的关系性理论论述中都是非常流行的。例如，米切尔（1988）似乎采用了一种不同的投射性认同，他认为在病人的脚本中，分析师会不可避免地成为一个"协作者"，"上演病人陈旧的剧情"，并且不可阻挡地陷入"病人预先设计好的范畴内"。奥格登（1994）发现投射性认同为他的主体间性概念"提供了基本要素"。史蒂文·斯特恩（Steven Stern，1994）将投射性认同作为其实行移情 - 反移情的"整合关系视角"在理论上的关键点。阿隆（1996）恰当地批评道，投射性认同概念将分析师描绘成一个空的（笛卡尔式）容器，不带自身参与的主体性，但他赞成这个概念具有临床上的效用。

苏珊·桑兹（Susan Sands，1997）提议将人际间版本的投射性认同理论和科胡特的自体心理学进行"联姻"。桑兹阐述道，投射性认同理论试图"解释"那些令人不安的主体间性情境，其中分析师感到被病人的心灵"占据"或"降服"了，仿佛存在一种情绪上的"体液交换"，"病人使分析师焦躁不安"。

在我们看来，桑兹在这里描绘的是分析师对入侵、心理篡夺、自我丧失的切身体验，伴随着分析师使用幻想对它们进行的组织。这种幻想使分析师将不安的体验归因于病人的潜意识意图。因此，投射性认同理论将分析师的幻想具体化和详细化，将它转变成一种真实的人际间过程（或者更恰当地说是一种超越个人的过程）。由此，病人的一部分被假定为以一种鬼使神差的、被占有的方式置换到分析师身上。现在，当病人被认为"占据了分析师的内部"，并且"通过（她的）反移情来与（分析师）对话"时，同义反复的循环就完成了。分析师感到被侵入，因为他事实上已经被占据了！在这个方面，投射性认同理论与感应起电机造成的幻觉（Tausk，1917）[弗洛伊德的早期追随者维克托·陶斯克（Victor Tausk）的一项真实案例——编者注] 有极大的相似之处，我们（Orange，Atwood，& Stolorow，1997）将其理解为一种丧失个人主体体验的生动的具体化过程，这种丧失体验是由于极度病态地适应一个异己的意志而产生的（Brandchaft，1993，1994）。

罗伊·谢弗（Roy Schafer，1972）在很久之前就已经证明，对心理动作进行精神分析性的提法是对心理过程的伪解释（pseudo-explanation），诸如内化和外化等心理行为采用了涵盖和排除身体的具体化幻想；而我们（Atwood & Stolorow，1980）则展示了这些提法是如何将现象学的空间（主观的）与物理空间（客观的）相互混合和混淆的。投射性认同理论就是体现这种含混的一个引人注目的例子。

除了客观化和同义反复的循环这两点谬误之外，使用投射性认同概念解释分析师的内在状态还存在其他问题。例如，将相关关系推断为因果关系是错误的。因为，分析师感受到的一些东西，在病人的体验中还处于一种不清晰的形式（相关关系），所以，我们并不能就此推断是后者产生了前者（因果关系）。同样听起来合理的说法是，在病人不那么清晰的体验的世界和分析师更为清晰的体验的世界之间存在一种联结，即一种主体间性的回应，一种创建情感同调的可能性的联结。总体而言，投射性认同理论在分析师周围包裹了一道防疫线，阻碍了分析师的组织性活动在治愈性的互动过程中的贡献。

另外，在投射性认同理论中反映出来的因果模式是一个线性模式：X（病人隐藏的动机）导致了 Y（分析师的内在状态）。我们逐渐认识到，把握关系性系统的变化无常需要一种像动力系统理论所提供的非线性因果模式（Stolorow，1997）。在动力系统中，模式是通过其要素之间的相互合作或协作性的互动形成的，并顺着由那些看起来各自孤立的要素（如病人的潜意识意图）构成的不可预测的轨迹运行。我们在这里并不是要反对那种认为病人也可能将隐藏的意图带进分析情境的观点，我们反对的只是那些认为类似的意图是导致分析师内在状态的原因，并且可以被直接推断出来的观点。

再者，投射性认同的归因所涉及的内在状态，是那些情感的体验和表达在很大程度上具有躯体性的状态，也就是说，在这些状态中，情感无法从一种前象征的、身体的形式发展为一种象征性的清晰的感觉。然而，投射性认同理论预先假定存在高度发展的象征性过程的运作——对自体、他者及二者之间有意的情感交流的象征化。潜藏的交流意图——作为人际间版本的投射性认同的核心——预先假定存在象征化思维的运作。一个人如何能够有意地交流那些还没有被象征化的体验呢？这样的构想在理论上是站不住脚的，就像克莱茵（1950b）将复杂的幻想活动归因于前象征期的婴儿（presymbolic infant）一样。

有趣的是，桑兹（1997）描述投射性认同的过程是以"某些我们无法以科学理解的神秘方式"发生的。相反，我们认为，摒弃新克莱茵学派神神道道的谬论并转向当代婴儿研究的实验，将极大地提升我们对情感交流的理解。例如，比特丽斯·毕比（Beatrice Beebe）、弗兰克·拉赫曼（Frank Lachmann）和约瑟夫·杰夫（Joseph Jaffe）（1997）总结了内森·福克斯（Nathan Fox）等人进行的一项高度相关的研究结果（Davidson & Fox，1982），在该研究中，研究者给 10 个月

大的婴儿看录像，这些录像中呈现了不同的情感状态的面部
表情，研究者要用脑电图仪记录这些看录像的婴儿的脑电图
（EEG），结果显示：

> 如果给婴儿展示的是一个微笑或大笑的女演员的录像，
> 那么其 EEG 的活动模式显示的就是积极情感的模式；如
> 果给婴儿展示的是一个痛苦地哭泣的女演员的录像，那么
> 其 EEG 的活动模式显示的就是消极情感的模式。婴儿无法
> 回避反映在同伴脸上的情绪（Beebe，Lachmann，& Jaffe，
> 1997）。

当然，由于录像上的面部表情下意识的意图就是将这些状
态传递给婴儿，因此女演员的情绪和情感会透过婴儿的肌肤直
达他们的大脑，这是没有争议的。福克斯的研究证明了婴儿天
生就能参与非言语的情感交流。任何对这类交流进行推断性解
释的潜意识意图或投射机制的假设都是毫无根据的。

作为情境主义者，我们相信，那些根植于理论想法的意义，
如果不被检视其所产生的历史情境和个人情境的话，是无法被
完全理解的。投射性认同是克莱茵（1950b）的元心理学中一个
必不可少的成分。元心理学是一元论的驱力理论，它根据位于
孤立心灵深处的内在攻击驱力的运作来解释心理生活。而投射
性认同理论试图避开这一自我封闭式的孤立，并寻找与一个幻

想中的他人进行交流性联结的形式。结果是两个去情境化的、莱布尼茨式的单子，在无窗中试图创造窗口。克莱茵理论不论多么具有人际间性，都透着笛卡尔式预设的味道。

　　为什么投射性认同的概念能成功地让精神分析如此"着迷"？原因之一是这个概念使治疗师和分析师能够否认他们自己的情感中不想要的部分，并把它们归因于病人心中运作的潜意识投射机制。事实上，投射性认同理论对病人所起的作用，的确和理论中所说的病人对临床医生的作用完全一致。要想使关系性理论变得更具有完全的情境化，投射性认同的"恶魔"——这个笛卡尔主义的顽固不化的遗迹——就需要被剔除出去。

混合模型

　　混合模型在当代关系性理论中很流行，它非但没有颠覆反而保存了最初笛卡尔式内外部的割裂。例如，伊曼纽尔·根特（Emanuel Ghent，1992）认为，从一个关系性的视角来看，"现实和幻想、外部世界和内部世界、人际间和心灵内部，都在人类的生活中发挥着非常重要的、交互的作用"。类似地，阿隆（1996）认为"关系性理论同时保存了一人心理学和双人心理学"，存在着一种互补的辩证关系。根据阿隆的看法，这种辩证的视角使关系性精神分析达到一种"内部和外部的关系之间、真实和想象的关系之间、心理内部和人际之间、个体和社会之间的平衡"。由此，尽管他认为放弃驱力理论是关系性精神分析的核心，但是他允许驱力和孤立心灵以"天生的动机"的形式从"后门"溜进来，如联结和分离的普遍挣扎的概念，或者假借来自弗洛伊德和克莱茵理论预先设定的发展阶段的概念。

阿隆甚至提议精神分析应该具有"辩证的和对话的"客观性，试图以此来恢复落后过时的笛卡尔式客观。从我们的观点和他自己的视角主义（perspectivalism）的观点来看，这都是一种明显的矛盾修饰法。后来，马文·沃瑟曼（Marvin Wasserman，1999）提出了一种"整合的立场"来调和来自一人心理学和双人心理学的要素，即分析师"将保持中立、自主和节制作为分析的典范，同时认识到这是无法完全实现的"。

我们坚持认为，心灵内部和人与人之间、一人心理学和双人心理学之间持续存在的二分法是具体化的、绝对化的笛卡尔式分叉已经过时的遗迹。双人心理学这一说法仍然体现了一种原子论的、孤立心灵的哲学，只是两个分离的心理实体、两个思考物看起来在无意中碰到彼此而已。取而代之的是，我们应该采取一种情境化的心理学，在这种心理学中，体验性的世界和主体间性场域被认为同样是原初的、以一种循环往复的方式相互构成的。与笛卡尔式孤立心灵不同，由于体验性的世界是在一个生活的、关系的系统关联中形成和发展的，因此它被认为具有显而易见的情境敏感性和情境依赖性。在这个概念中，笛卡尔式的主客体割裂被修正了，内部和外部被认为是无缝交织在一起的。我们栖居在体验性的世界里，就像它们栖居在我们体内。心灵在这里被描绘成一个人在环境系统中自然浮现的属性，而不是作为一个在头颅内的笛卡尔式实体。

根特、阿隆和沃瑟曼，他们就像许多其他关系取向的精神分析师一样，被困在两个互不相容的哲学世界里：一个是弗洛伊德从笛卡尔那里继承的世界，它是一个有着阿基米德式的确定性和清晰的客观性的世界，在这个世界里，孤立心灵的实体在根本上是和外在的他人形同陌路的；另一个是后笛卡尔式的情境主义的世界，它承认关系性在生成所有体验中具有构成性的作用。关系性理论者试图联结、调和和维持来自这两个世界的要素，并且声称它们可以通过辩证关系的形式共存。我们相信，类似的艰难尝试尽管看起来很吸引人，却是无法达成的，因为这两个哲学世界在根本上是不可比较的。我们必须择其一。

然而，正如我们所见，笛卡尔式孤立心灵这一思维的残余依然存在，即使在那些雄心勃勃、令人信服地声称要对其进行解构的作者的著作中也是如此。正如我们在导论中提到的，这种笛卡尔式残余的原因更多的是心理上的而非哲学上的。阿隆（1996）间接地给出了部分解释，他引用了伯恩斯坦（1983）关于"笛卡尔式焦虑"的概念，我们把这一概念称为"对无结构的混乱的恐惧"（Stolorow，Atwood，& Brandchaft，1994）。如果没有具体化的心理实体，没有去情境化的绝对或普遍，没有客观性及其"上帝"视角，我们就没有可以依靠的元心理学或认识论基础，随之而来的焦虑可能是巨大的。为了不再退回到笛卡尔主义的安心幻想中，我们必须找到方法拥抱"存在的无法承受的根植性"所固有的痛苦的脆弱性（Stolorow & Atwood，1992），尤其是当这种脆弱性在精神分析工作中被唤起时。甚至是那些在笛卡尔式分歧中被绝对化了的不连续的、个人化的体验，也依然根植于构成性的情境。

不过，我们希望强调精神分析中的情境主义不应该被混淆为后现代的虚无主义或相对主义，正如一些批判者（Bader，1998；Leary，1994）已经提出的那样。情境的相对性与相对主义（Orange，1995）并不是同一个东西。相对主义将每一种框架——不论是精神分析的还是道德的——都看作同样好的。而实际上，一些观点就其促进精神分析询问和精神分析过程而言，总是比另一些观点要好。另外，我们也没有放弃对真理、生命体验和主观现实的追寻。我们认为，通过扩大精神分析对话中参与者那具有反思性的自我意识，我们是可以逐渐接近近似的真理的。在这里，我们提出了后笛卡尔的情境主义原则：真理是对话性的，是在观察者和被观察者不可避免的相互影响中变得明朗而具体的。

第二部分

临床应用

WORLDS

OF

EXPERIENCE

Interweaving
Philosophical and
Clinical Dimensions in
Psychoanalysis

第 5 章

基于视角的现实主义与主体间性系统

如果一个人带着理解，那么他认识和判断的时候就不会袖手旁观、不被影响；相反，他会与对方产生特定的联结，与对方一起思考，并一同经历对方的处境。

——汉斯 - 格奥尔格·伽达默尔

在本章，我们将探讨主体间性系统理论与"基于视角的现实主义"（Orange，1995）认识论态度之间的关系。我们试图说明一个更为普遍的主张，即聚焦于复杂性和复杂系统的动力，这与认识的视角主义观点是不谋而合的（Cilliers，1998）。我们所倡导的精神分析主体间性理论与视角主义观点之间的联结对临床实践具有重要意义，在这里我们也会对这一点进行讨论。

正如我们在第 3 章中提到的，我们的主体间性情境主义的萌芽可以在一系列心理传记文章中找到，这些文章收录在我们的第一本著作中（Stolorow & Atwwod，1979），探讨了四种精神分析理论的个人起源和主观起源。虽然这本书的第一版中没有明确提到主体间性概念或视角主义认识论，但是这两点都含蓄地体现在一位心理学理论者的主观世界如何深切地影响了他对其他人的体验的理解中。这些研究将我们引向一个精神分析的现象学概念，反过来又引导我们承认一种完全根植性的主体性，承认个人体验不可避免地嵌入其构成性的情境。

"主体间性视角"这一说法首次出现在我们团队（Stolorow，Atwood，& Ross，1978）几十年前写的一篇文章中，阿隆（1996）认为这篇文章将主体间性这一概念引入了美国精神分析的论述中。这篇文章探讨了病人和分析师两个主观世界之间的一致和不一致（联合和断裂）对治疗过程的影响。在随后的几年，我们的主体间性视角逐渐发展为一种场理论或动力系统理论，认为心理现象不是孤立的内在心理机制的产物，而是在体验的世界的相互作用中形成的。我们一再强调，构成精神分析探寻范围的并不是孤立的个体心灵，而是由病人和分析师的主观世界之间的相互作用创造的一个更大的系统。

内在心理决定论的精神分析学说是一种直接的笛卡尔式派生物，一个无世界的主体和无主体的世界。这一学说在其历史上就与客观主义认识论有关联。这一观点所预想的心灵是孤立

的、在根本上与外在现实保持距离的，它要么理解准确，要么
歪曲理解。那些拥抱客观主义认识论的分析师，自认为获得了
接近病人的心理现实和被其歪曲的客观现实的特权。相反，我
们的主体间性视角强调体验的世界之间的构成性互动，这是与
视角主义的认识论紧密融合在一起的。这一认识论的态度既不
认为分析师的主观现实比病人的更真实，也不认为分析师可以
直接了解病人的主观现实，而是认为分析师只能带着自己的视
角，在特定的、有限的视域，趋近病人的主观现实。视角主义
的态度对分析情境的氛围具有极大的影响。

临床和哲学反思

　　"我一直都很生气，"一位长程病人这样说道，"你称我为
'边缘'的这个事情没办法从我的脑海里消失。我没法不去想那
就是真实的我，那就是你眼中的我。"分析师心想："拜托，这
不可能。我虽然记性不好，但也没有那么不好吧。我甚至都不
相信'边缘'这一概念，我不记得自己用这个词称呼过任何
人。"于是，分析师告诉她的病人，她对他所做的事情很糟糕，
并让病人告诉她这是什么时候发生的，他们当时都说了什么。
她承认病人的记性要比她好得多。

另一位病人说她猜想分析师的政治观点和她的不一样，因此分析师不能理解她或认真地对待她。她继续说道："的确，你看起来在很大程度上能理解我，并对我的问题表示同情，但如果我们无法真的赞同对方，那就不是真正的尊重。"当然，分析师想象自己具有足够的能力对自己不赞同的观点给予充分的理解，也能对与自己的观点不同的人给予相当大的尊重。

第三位病人相信，当分析师因专业原因或个人原因需要休假，并在临出门才告诉病人时，她一定感到如释重负。分析师没有意识到自己投给病人的这种感受，但他的信念是如此强，以至于无法想象还存在其他可能性。那么，在临床工作中，现实和真理在哪里呢？ ①

我们介绍这些非常普通的临床实例，不是为了展示不尽如人意的临床工作，或者证明一个特定的精神分析理论的 "真实

① 在大多数哲学论述中，关于现实的问题都涉及本体论的重要性，也就是说，心灵、物质、概念、世界等的存在或不存在是独立于任何关于它们的认识或观念的。例如，即使伽利略被关进监狱并受到死亡的威胁，他依然会声称地球是绕着太阳转的，而不管罗马的红衣主教是否这样认为。相反，真理和谬误涉及的是信念或命题的状态，在当代哲学中，信念的整个系统是建立在一个特定的信念所依赖的意义和真理之上的。伽利略清楚地认识到他的研究和观察所给予他的比其显露的要更真实，或者至少是不同的。关于真理的理论—— 一致、连贯、实际——涉及的是真理和现实之间假定的联系。像伽利略和许多精神分析师（Orange，1995）那样的科学的世界观通常基于实用主义的真理理论，它把一致和连贯等理论要素联结起来。

性"，而是要为再次澄清我们基于视角的现实主义提供参考点
（Orange，1995），以显示这一认识论如何符合精神分析主体间
性系统的观点，并提出认识论会带来相应的临床结果。

　　在这三个临床案例中，病人和分析师都持有截然不同的观
点。在第一个案例中，分析师的冲动是简单明了地说病人是错
的、存在误解的，甚至是带有幻想的，她当然不会做出被病人
指控的行为。在第二个案例中，分析师承认了这一前提（她的
政治观点在一定程度上是与病人相左的）。他们共同承认了这
一"现实"。但是，分析师并不像病人那样认为他们之间不可能
有真正的理解和尊重。她很想说病人是错的、存在误解的、有
偏见的、带有不必要的绝望的。在第三个案例中，这个病人说
他的分析师将会因离开他而感到如释重负，而分析师所意识到
的感受并不是这样。因此，她试图说明他是错的、存在误解的，
也许还带有妄想或投射。每一个案例都存在一种诱惑，让人们
认为或至少感觉分析师是正确的，而病人具有槽糕的现实检验
能力。

　　我们特意选取类似的普遍的案例，以及类似的平常的诱惑。
我们认为，不论哪个理论派别的、深思熟虑的且有经验的分析
师都试图抵制这种诱惑。我们已经学会犹豫，并问自己是否事
实真的如此简单。我们已经学会承认病人许多类似的话语会伤
害我们的专业自我感，因此我们早已准备好将病人的观点视为

病态的并加以回应。我们已经学会好奇病人的问题背后的意义。同样，作为分析师，我们也似乎具有人类的普遍倾向，即将自己的视角作为衡量真理的标准，并自动将与我们意见不同的人判断为不切实际或误入歧途。"关于现实的哲学讨论与我们的工作无关"这一观点有时候支持了这种倾向。

例如，劳伦斯·弗里德曼（Lawrence Friedman，1999）在一篇文章中提出"涉及的哲学问题实在是不熟悉的、晦涩难懂的、无法解决的，并且与精神分析没有特别的关联"。弗里德曼描述了现代客观主义认识论的发展，以及反对它的怀疑论的回应（"真的不存在真理或现实"）。接着，令我们感到意外的是，他提出所有的讨论并不能为精神分析提供什么。

> 我们之所以感到在工作中谈及现实并非易事，是因为我们现在认识到，没有一种状态是独立于我们对之思考的方式而存在的。我们迫切地想让精神分析与时俱进，因而放弃了幻想存在着一个可以被追寻、发现、权威地断言的客观的真理。这种错误常常被称为"实证主义"。复杂的20世纪哲学为此提供了良方……需要恰当辨别的是，真正使精神分析理论者苦恼的问题，并不是客观现实的观念本身，而是客观的社会或人类现实的观念，这是一直以来与精神分析密切相关的。如果分析师能够理清这个概念，说清什

么是社会现实，那么一般的现实就不会成为特定的挑战，我们也不用诉诸激进的怀疑主义了。

相反，他建议我们应该让自己关注那些更为平凡也更为精神分析的事物：他所谓的"逼真性"（realisticness）指的是"从各种情感和认知的观点中抽取人类意义的能力"，与"非逼真性"相对。他断言，一个好的分析结果是逼真性的增加。在弗里德曼看来，哲学的讨论对这一区分并不产生影响；精神分析和哲学是独立的学科，也应该保持独立。他说"精神分析不需要关注每一个哲学性的问题。如果无法确保提到的古老问题是真的且尤其与精神分析密切相关的，我们就不应该接受哲学的霸凌"。

在弗里德曼的理解中，科学的经验主义或逻辑实证主义削弱了常识的现实主义，从而为当前流行的后现代怀疑论提供了概念的舞台，这是一种在哲学家中也很少见的洞见。他说："带着令人钦佩的智力和技巧，实证主义者已经煞费苦心地打磨出了一套准确的语言，整个世界都源自可被证明的个体体验，其结果是没有世界、没有体验，只有对武断的语言系统的自由选择。"弗里德曼为我们提供了一段令人信服的关于现实和真理之争的历史，但接着就完全将它束之高阁。

我们认为弗里德曼的立场被削弱了。首先，他将当前对客观主义思想的批判与弗里德里希·尼采（Friedrich Nietzsche，1886，1973）、让 - 弗朗索瓦·利奥塔（Jean-Francois Lyotard，1984）和理查德·罗蒂（Richard Rorty，1989）的怀疑论相对主义相结合。其次，他将哲学性怀疑定义为"霸凌"。由希拉里·普特南（Hilary Putnam，1990）和伯恩斯坦（1983）等实用主义者发展出的更为温和的后笛卡尔式批判，以及哈贝马斯（1971，1987）的沟通行动和伽达默尔（1975，1991）的阐释学等欧陆哲学，都为精神分析的理解和表达提供了丰富的可能性。事实上，如果参照这些哲学家的观点，弗里德曼自己对"逼真性"的描述也容易变成情境性和理性的。

但是，我们必须询问，这个"逼真性"是根据谁而来的，又是从谁的视角而言的？的确，在那古老的寓言中确实有一头大象（见本章最后的寓言），但是哪一种观点或观点的结合才是真实的呢？没有人能够具备所有的视角（Putnam，1990）。也许我们中的所有人，不仅仅是病人，都有盲点。如果病人赞同了分析师所选取的视角的话，他就变得现实了吗？还是说要赞同大多数人（同感效证）？那少数人的观点怎么办？它属于错觉的垃圾堆吗？什么又是错觉呢？我们关于错觉和精神病的概念不就依赖于一个假设，即存在一种不受视角限制的优先的观点吗？我们认为，精神分析师需要一些哲学反思来回答这些问题。维多利亚·汉密尔顿（Victoria Hamilton，1993）研究了各种理论派别的精神分析师所采用的潜在的认识论观点，研究结果表明，在精神分析师的认识论假设和理论之间，通常不存在公认的显而易见的联系。哲学并不是一门像化学、社会学或历史学一样主题明确的学科，毫无疑问，它与精神分析的内容和方法也截然不同。哲学是使未被承认的预设和视角的局限性变得明晰的过程，由此我们能够质疑对方和我们自己。

基于视角的现实主义

作为一名后笛卡尔的精神分析实践者，我们中的一位（Orange，1995）已经提出，我们需要从一个基于视角的现实主义来质疑精神分析中的现实，将真理看作在对话的共同体中逐渐呈现的东西：

> 在接近部分现实或现实的一部分中，每一个探寻的参与者都带着某种视角。视角的数量可能是无限的，或者至少是不计其数的。由于我们中没有人可以完全摆脱个人视角的限制，因此我们对真理的观点必然是局部的，不过交流可以让我们趋近完整。……基于视角的现实主义认识到，精神分析所提供的唯一的真理或现实，是在主体间性情境

中被理解的体验的主观组织。……这样的一个体验的主观组织是关于更宽泛的现实的视角的。我们永远也无法完全获取或认识现实，但是我们可以持续地接近、理解它，使它变得清晰，并参与其中……虽然这一观点的确排除了常识性的现实主义、关于真实的一致性理论和科学的认识论，但是它并不排除对话的、群体的或视角的现实主义的可能性。在这样一个温和的现实主义中，真理是一种突现的、自我纠正的过程，只能通过个体的主观性部分地接近，并且可以在群体对话中逐渐增加可理解性。

这并不是一个原创的想法。它有广泛的哲学根基，并且被许多精神分析师共享，目前他们都在清晰地表达它在临床相关方面的各种意义。

我们需要关注这一哲学根基的问题。尼采（1886，1973）是与激进的视角主义关联最大的哲学家。他反对启蒙思想中理想主义的绝对性，并提倡重估所有价值，超越善与恶，赞美非理性。对于他，以及他的"后现代""新实用主义"的崇拜者而言，除了视角之外无物存在。尽管尼采是通过海德格尔和法国的后现代主义者来到我们面前的，但我们认为可能还存在另一个较少被欣赏的、令人讨厌的、却受弗洛伊德重视的尼采，这个尼采试图跨越哲学性和宗教性的潜意识，使我们震惊。

相反，早期的现象学家影响了我们自己的思想，如弗朗兹·布伦塔诺（Franz Brentano，1874，1973）和胡塞尔（1931，1962，1936，1970），对他们而言，视角总是意味着对某物的视角（意向性）。"一个没有出处的观点"并不存在（Nagel，1986），同样，没有某物（也许是一头大象）和建立其上的观点，也就不存在一个视角。另外，我们的实用现实主义观点还受惠于美国哲学家皮尔斯（1905，1931–1935），我们认为他的"实在的合理性"概念正是弗里德曼在精神分析中所寻找的。皮尔斯在可误论中表达的态度是，永远存在需要学习的部分，我们的视角是有限的，因此只要试图认为它是全部的真理，那它就是错的。对话性理解和沟通实践的倡导者——伽达默尔（1975，1991）和哈贝马斯（1971，1987）——的观点进一步影响了我们。维特根斯坦（1953）关于哲学的治疗性概念对基于视角的现实主义具有更深的启发性。下面我们将分别探讨。

我们将基于视角的现实主义中对意向性的坚持归功于布伦塔诺。他是胡塞尔和弗洛伊德二人的老师（年轻的弗洛伊德对布伦塔诺的五节课印象非常深刻，尽管后来他否认了对哲学的兴趣）。在布伦塔诺看来，意向性意味着心理活动天然就具有方向性，也就是说，思考就是思考着某物，欲望就是欲求着某物，诸如此类。在我们的理解中，意向性暗含着，采取一种视角或观点意味着对某物具有某种观点。除去布伦塔诺早期认为的

"客体是内在于思考的"这一观点外，他的意向性构成了我们的观点中的一个要素。我们强调视角的多样性这一观点和普特南（1990）所说的"带着人类面庞的现实主义"是相容的。由于布伦塔诺带有亚里士多德式的现实主义，因此他被排除在后现代主义之外，但他并不喜欢教条主义。作为一名天主教的牧师，他于1871年离开了教堂，因为他不接受教皇无误论的信条。虽然基于视角的现实主义是我们的说法，并不是他的，但我们可以说，对他而言，教皇的无误论暗示了这种视角包含着绝对和完全的真理。

美国哲学家和逻辑学家皮尔斯也同样对教皇无误论的观点毛骨悚然，因此他宣称，他自己的思考及所有值得尊敬的科学都必须是可误的，可以出错的，并且接受修订。他最出名的地方就是被威廉·詹姆斯（William James，1898，1975）明确地承认为美国实用主义的创始人。他小心地表达道："我们要考虑到我们设想的概念对象具有什么样的影响，这一影响可能具有实际的方向性。那么，我们关于这些影响的概念就是我们关于这一对象的全部概念（Peirce，1905，1931–1935）。"皮尔斯的实用主义在得到威廉·詹姆斯的认可后有所改变，之后又被皮尔斯重新命名，"实用主义这个名字丑到不用担心被拐走"（Peirce，1905，1931–1935）。实用主义这一概念构成了我们观点的核心，即想法等同于其可能产生的现实结果。因此，我们诧异于听到受过良好教育的精神分析师说他们对想法没兴趣，只对临床案例感兴趣（我们明确拒绝了基于这一观点的期刊论文和会议文章）。皮尔斯的观点有时被称为"语言 - 实用的主体间性"（Frank，1991），与皮尔斯和哈贝马斯一样，我们相信实践和想法是分不开的。分析师的理论观点所具有的必要性，与病人和分析师二人的情绪信念同样重要（Stolorow & Atwood，1979）。这些概念影响着我们的临床实践，因此值得我们对其提出谨慎的哲学性怀疑（的确，我们认为弗里德曼自己试图表达的一个可用的概念——"逼真性"——就是一种哲学反思的形式）。总而言之，皮尔斯的实用主义、可误性和他在一个学术共同体内寻求真理的观点，都极大地塑造了我们将精神分析作为一种理论构成的实践的信念，它一直是一种临床的哲学。

　　进一步的影响者是伽达默尔，他关于对话性理解的诠释学概念极大地奠定了我们对精神分析中日日夜夜、时时刻刻的过程的理解。对他而言，任何真理都来自视角的互动，每一种视角都承载着传统和先入之见：

　　　　当阅读一篇文本并试图理解它时，我们总是期待它将告诉我们什么。一个由真诚的诠释态度所构成的意识，会擅于接受来自外在于它自身视域的最初的、完全陌生的特点。然而，这种感受性并不是用一种客观主义的"中立性"

来获得的：将自己排除在外是不可能的、不必要的，也是不值得的。诠释学的态度只认为我们带着自我意识来表明观点和偏见，认为它们本就如此，并通过这样的方式去除它们的极端特征。保持着这种态度，我们给予了文本一个机会，让它作为一种诚然不同的存在物呈现，并以与我们自己的先入之见背道而驰的观念来证明它自身的真实性，（Gadamer，1975，1991）。

在这里，我们看到了诠释学态度的不同方面是如何促成基于视角的现实主义作为一种精神分析认识论的。首先，有一种假设认为，一些值得讨论的事物是存在的：就"文本"而言，我们可以把它替换为病人的历史、病人的痛苦、病人和分析师之间的误解，或者分析师办公室内的加热或冷却系统。这一事物提出了自己的要求，要求我们确定和识别我们的先入之见，从而"去除它们的极端特征"。于是，我们能够将自己的观点看作一种视角，如此一来，事物本身就能作为他者呈现。其次，我们也可以看到病人和同事所趋近的现实是被彼此的视角所隐藏的——这就是成为他者的意思。根据伽达默尔的观点，我们应该总是期待着另外的文本和个体能够教授我们一些东西。在他的思想中，皮尔斯的可误性变成了对他者视角的感受性。至少有限的视角很可能是部分错误的，因为我们试图将自己的观点或观念视为一种对整体的合理描述。只有在与他人、文本或艺术创作的有趣对话中（包括对严肃事物的认真讨论中），我们才有机会超越对任何事物抱有固定理解的严重限制，允许更多的真理和尽可能真实的理解（Frank，1992）出现。

　　在关于精神分析中的现实和真理问题的思考上，哈贝马斯补充了一个伦理维度。在他看来，政治的公正依赖于参与者之间的对话——假定这些参与者有兴趣为团体问题提出合理的解决办法。唯一公平的社会是尊重不同的声音和视角，并假定没有任何一种声音（在这里，我们必须强调他的"再也不会"）掌握了真理或对现实有准确的理解。贾尼丝·冈普（Janice Gump，2000）也提出过类似的观点，她挑战了美国精神分析中的种族排斥和盲目。缺失对话中的声音和视角会大大减少我们接近现实和真理的机会。

　　最后，阅读维特根斯坦确定了我们关于真理和意义的问题具有重要的区别这一观点。意义只能存在于一种文化、一种语言游戏或一种生活形式中。对维特根斯坦而言，语言游戏是一种由规则引导的活动，类似于国际象棋，文字在其中的意义是伴随着它们在游戏中的使用而产生的。意义本身并不存在。离开了系统，游戏中所有的文字和所有的活动都是毫无意义的。这些语言游戏具有不可简化的多元性，但是我们无法区分它们，如混淆了日常问题和哲学问题会导致无尽的困惑。在维特根斯坦看来，哲学家的任务就是指出这些陷阱。

下国际象棋时，我们能够认出国王在棋盘上的准确位置，而不需要参考游戏规则——国王在某个位置上才是对的。进行精神分析时，我们也能像下象棋一样区分关于意义的问题和关于真理的问题。关于意义的问题产生于由分析师和病人主观世界的互动所创造的场域，包含分析师的理论。它们也产生于因这两个世界之间不可避免的视角差异而出现的结果。

例如，最具精神分析特色的费用问题，对不同人的意义是不同的，这取决于我们采纳谁的视角、金钱在一个文化中的含义、病人和分析师之间所处经济阶级的相似性或差异，诸如此类。真理和现实在这里并不存在利害关系：费用就是费用，是在特定时期的特定国家的货币，就像国际象棋中位于某个位置的国王一样。但是这一现实和我们对它的信念却产生了关于意义的诸多可能，以及参与其中的人所达成的理解的诸多可能。

维特根斯坦从不争论受到普遍赞同的有关事物状态的现实问题——如英国和奥地利位于欧洲的不同位置。但他确实想让我们看到，这一表述虽然可能是正确的，但也只有在他所谓的语言游戏的沟通系统中才具有意义。因此，我们认为他支持我们的观点——虽然现实是存在的，但是视角和文化限制了我们对它的认识；关于真实的或错误的表述只有在系统中才有意义；

为了呈现意义，对话是必需的。这个使事物有意义并伴随着发现的过程，我们称之为"理解"。

临床工作中基于视角的现实主义

我们常说，主体间性的临床敏感性具备三个不可或缺的要素。第一个要素是关注组织原则、核心主题或带有个体的体验性的世界特点的情绪信念。

在我们看来，主体性的首要要素就是组织原则，无论其是自动化和僵化的，还是具有反思性和灵活性的。这些原则往往是潜意识的，它们是一个人从情绪性环境的毕生体验中得出的情绪性结论，尤其是与早期照料者之间的复杂的相互联结。只有当这些原则可用于有意识的反思时，并且只有当新的情绪体验引导个体想象和期望，使情绪联结以新的形式进行时，这些旧有的推论才会使自体感成为主旋律。这个自体感包含对存在的可能形式的关系性结果的确信，如一个人可能感到任何形式的自我表达或分化都会带来嘲笑或挖苦（Orange，Atwood，& Stolorow，1997）。

这些情绪信念以各种各样的形式出现在我们的工作中，与它们进行工作是在精神分析中进行主体间性系统工作的必要部分。

如果没有第二个要素——自体反身性——我们就很容易被误认为将这些组织原则当做孤立心灵的内容，并且只是简单替换了弗洛伊德的驱力及其衍生物。因此，我们必须赶紧解释，我们认为主体间性的临床敏感性需要共情的联结，伽达默尔称之为与他人"一起经历这种处境"。自体反身性具有两层含义。第一层含义是在理解他人的过程中，我们对自身所带有的历史和偏见及我们的存在保持持续的认识。并不存在精确无误的知觉或纯粹的共情沉浸。我们能尽力做的是不间断地寻找对我们所处的情绪困境的理解，并且我们只能带着特别的耳朵去倾听。第二层含义是认识到我们的理论包含着由我们自己的历史构成的情绪信念和主题，我们必须淡然看待可能对病人的问题所持有的视角，并且持续准备质疑我们所珍爱的关于人类本性的精神分析理论，以及其与心理病理学和治疗相关的观点。

回到本章的主题，主体间性的临床敏感性的第三个要素是不存在关于现实的争论。现实就是现实，但作为分析师，我们的任务是对自己的视角保持尽可能的淡然，这样我们才能听见其他人说的话。回到本章开头的案例，分析师是否用了"边缘"

这个词其实并不重要。这个词只是她的病人指出，"在他们之间有些事已经很不对劲了"这一现实的一种方式。而分析师的立即否认——不论是不是在口头上表达的——显示了她没有认识到发生了什么。我们必须致力于尽可能地理解事实（truth-as-possible-understanding），而不是回应事实的真相（truth-as-correspondence-to-fact）。不论事实是什么，我们必须找到方式来沟通其意义。而争论现实并坚持认为病人需要认同分析师的视角，通常是远离理解的最快出口。在这个案例中，分析师的语气在病人看来就好像在还原（分类）和侮辱他的体验。她不得不承认她正经历着"我是如此聪明，所以我能告诉你问题是什么"的时刻，并且已经忘乎所以了。由于在病人成长的家庭中，《精神疾病诊断与统计手册》（*Diagnostic and Statistical Manual of Mental Disorders*）是家里的字典，人生故事是用这些术语来讲述的。但这并不重要，有所裨益的是分析师承认她把自己放在了无所不知的、与病人相对的位置上，而这对他们的联结及共同寻求对情绪的理解造成了实际的伤害，即使这种伤害是暂时的。

　　就像在前面的第二个案例中，分析师不得不问自己，在病人眼里什么是真的，并把她自己的观点作为背景。如果分析师防御性地争辩说，区别与尊重是兼容的，那么她已经完全失去了病人试图告诉她的东西。在这个案例中，病人逐渐失去了她的马克思主义世界 —— 她只有在这个世界里才感到自己像一个重要人物 —— 这意味着她不可挽回地失去了她属于任何世界的感觉，并且害怕分析师像其他所有人一样看不到她的价值。病人和分析师后来理解到，病人对分析师持续增长的依恋唤起了一个令人恐慌的信念，即依恋只意味着更多的丧失和羞辱。

对于第三个案例中的病人，分析师立马否认了自己在离开他后感到如释重负。当然，这并没有什么裨益。他能说的无非就是"我知道我疯了"。幸运的是，这个意外不是发生在分析师旅行前的那次咨询时，因此她可以回应病人："这很重要，让我们下次来讨论讨论它。"她像平常一样向病人再次确认她听到他所说的了，也向她自己再次确认她能做得更好。事实上，他们中没有人真的想在下次咨询时讨论它，但他们确实做了。最后，他们发现，他们的咨询结束的方式（与分析师的日程安排的变动有关）给了病人这样一种感觉，她很高兴看到他离开，而在这之前他已经感到自己不被需要，自己是任何自己所关心的人的负担。谈论这一模式，并且谈论分析师留意到自己想要成为一个好的照料者的需要（她是家中 10 个兄弟姐妹中的长女），展示了她是如何被自己的视角 —— 关于病人对他们关系的体验 —— 所蒙蔽的。她对现实进行争论的克制，联合我们之前提到的自体反身性的意识，以及对他们各自的、共同的体验进行组织的确信的兴趣，使得工作能够沿着尽可能理解事实的路径推进。

　　总之，本章主要表达了基于视角的现实主义，以及精神分析中丰富的哲学观点和态度，也关注了主体间性的临床敏感性所具有的三个要素。事实上，我们试图展示，视角主义的认识论与我们的主体间性视角是紧密关联的。我们也试图区分，在特定系统中无法否认的现实及存在于其中的意义具有必然的多元性，这个多元性暗示着任何一种视角都存在局限。最后，我们提出，只有在对这些意义的对话中悬置关于现实的争论，重要的情绪现实才会在精神分析中呈现。我们将用一个寓言来结束本章的内容，这个寓言可以说明基于视角的现实主义的认识论态度。

《关于盲人摸象的寓言》

(*The Parable of the Blind Men and the Elephant*)

有 6 个印度人，

想要学更多，

于是他们来到大象面前。

虽然他们都是盲人，

但每一个人的观察，

都能满足一己之见。

第一个人靠近大象，

险些跌倒，

并撞在了它宽厚、健硕的侧面，

于是他立马大叫道：

"老天啊，这大象真像一堵墙！"

第二个人摸着象牙，

大叫起来：

"噢！这是什么，又圆、又滑、又尖？

显而易见，

大象这个奇物，

就像一支矛！"

第三个人靠近大象，

不小心把扭动的象鼻抓在手里，

于是大胆地说道：

"我知道了，

大象就像一条蛇！"

第四个人迫切地伸出手，

碰到了它的膝盖。

"这个最神奇的野兽也不足为奇啊"，他说，

"它显然就像一棵树！"

第五个人不小心摸到了它的耳朵，

说道："即使最瞎的人也看得出来它最像什么；

谁能否认呢，这个神奇的大象，

就像一把扇子！"

第六个人立马开始，

摸索起这个野兽来。

在伸手所及之处，

他摸到它挥舞的尾巴。

"我知道了，"他说，

"大象就像一根绳子！"

这几个印度人，

大声地争执不休。

每个人都从自己的认知出发，

并且都固执己见。

虽然每个人都部分正确，

但他们全都错了！

——约翰·戈弗雷·萨克斯（John Godfrey Saxe）

第6章

创伤的世界

与朱利亚·M. 舒尔茨（Julia M. Schwartz）合著

上帝死了。

——弗里德里希·尼采

当在世之在的原初现象被打碎之后，剩下的也只有孤立的主体。

——马丁·海德格尔

在本章，我们将详细阐述关于创伤的概念，把它作为一个体验性的世界碎裂的过程。首先，我们将描述一个长达6年的理解之旅，在这个旅程中，我们中的一位努力理解他个人体验到的、作为心理创伤的核心特征的那种强烈的疏远感和孤独感

（Stolorow，1999）。

一种自传体式的描述

《存在的情境》（Stolorow & Atwood，1992）一书刚出版，我（前面说的"我们中的一位"）就把刚刚印出来的最早一批书稿带到了一个会议上，我是那个会议的与会者。我从桌上拿起一本，兴奋地四处张望，寻找已故的妻子达夫妮（Daphne），她要是看到了肯定会非常高兴。当然，我找不到她，因为她在 18个月前就去世了。在她确诊癌症 4 周后的一个早晨，当我醒来时，我发现她躺在床上去世了。在那个会议剩下的时间里，我都在回忆和哀悼中度过。对于发生在达夫妮和我身上的不幸，我的内心充满了惊愕和悲痛。

会议为所有与会者提供了晚宴，许多与会者都是我的老友或同事。但是，当我在宴会厅里环顾四周时，他们所有人看起来都奇怪而陌生。或者更准确地说，并不是这个世界，而是我看起来奇怪而陌生。其他人都富有活力，以生动的方式彼此建立着密切的联系。相反，我感到自己就像死了一般破败不堪，只剩一具空壳。一个无法逾越的深渊横亘在前，把我和朋友、同事永远分开了。我对自己说，他们永远无法彻底理解我的体验，因为我们现在生活在不同的世界。

在那次痛苦经历之后的几年里，我一直试图理解和概念化那种可怕的疏离感和孤独感，于我而言，那是内在于心理的创伤体验。后来我逐渐认识到，在创伤文献中，这种疏离感和孤独感是一个常见的主题（Herman，1992），并且我也在许多经历了严重创伤的病人那里听到过。一位年轻的男士在童年期和成年期都有过多次丧失至亲的痛苦经历，他告诉我这个世界被分成了两个部分，正常的部分和创伤的部分。他说，一个正常世界里的人是不可能理解创伤世界里的人的体验的。达夫妮去世后，我找了一个分析师。我记得，相信我的分析师也是一个经历了灾难性丧失的人这一点对我来说有多重要，我也记得我是如何恳求她不要说任何话来纠正我的这一信念的。

这个体验的深渊是如何把受创伤的人与其他可以被理解的人分离开来的呢？在《存在的情境》关于创伤的一章中，我们提出心理创伤的核心在于无法承受的情感体验。我们进一步认为，一种情感状态难以忍受的程度不能仅仅或主要基于一个伤害事件所唤起的痛苦感受的性质或强度来解释。创伤性的情感状态必须被放在它们发生的关系系统中，以发展性的方式来理解。我们认为，当幼儿严重缺失其所需要的、来自周围环境的同调，来帮助他们忍受、容纳、调节和整合时，痛苦或可怕的情感就具有创伤性了。

　　在我看来，将发展性创伤概念化为一个涉及对痛苦情感严重协调不良的关系过程，这在治疗创伤病人方面被证明具有极大的临床价值。但是，在那次会议晚宴上，我开始发现，我们的理论描述并没有区分他人无法提供情感同调与受创伤的人无法感受到同调之间的区别，因为创伤体验本身具有极强的独特性。对这种孤独的疏离感的理解始于一个意想不到的来源——汉斯－格奥尔格·伽达默尔的哲学诠释学。

　　鉴于理解的特性，在心理创伤中对个体体验的理解感到深刻的绝望，与哲学诠释学是紧密相关的。伽达默尔（1975，1991）提出了一个不证自明的观点——所有的理解都涉及诠释。而诠释又只能来自根植于诠释者自身传统的历史发源地的视角。因此，理解总是出自一种视角，而这个视角的视域受到诠释者自身组织原则的历史性的限制，也受到被伽达默尔称为"成见"的先入为主的结构的限制。伽达默尔通过将他的诠释哲学应用于人类学问题来说明它，即试图理解一个异己文化是不容易的，因为这个异己文化的社会生活形式、体验视域是不能与探究者自身的社会生活形式和体验现域进行比较的。

　　在研究伽达默尔著作的过程中，我想起我在会议晚宴上的感觉，对于周围的其他正常人而言，我就像一个外星人。用伽达默尔的话来说，我确定他们的体验视域是永远无法覆盖我的，而这种信念是使我感到疏离和孤独的来源，也是将我和他们的理解分离的、那个无法逾越的深渊的来源。关键并不仅仅在于受创伤的人和正常人生活在不同的世界；而在于这些不同的世界被感受为在本质上是根深蒂固地无法相通的。

会议晚宴的大约 6 年后，我在朋友乔治·阿特伍德的一次演讲中听到了一些东西，它们帮助我进一步理解了这种不可通约性的性质。在讨论去除了笛卡尔客观主义的主体间性情境主义的临床意义时，阿特伍德提出了关于精神病性妄想的一种非客观主义的、对话性的定义："妄想即那些其确证性不对讨论开放的想法。"这个定义与我们在 12 年前提出的观点十分吻合。当一个孩子的感知和情绪体验面临巨大且持久的失效时，他关于这些体验在现实中的信念将变得不稳定且容易被解除，在这种诱发性环境下，妄想性的想法将进一步发展，"这有助于夸大和细化处于危险中的心理现实……保存正在消失的信念的确证性"（Stolorow, Brandchaft, & Atwood, 1987）。妄想性的想法被理解为一种绝对主义的形式——一种激进的去情境化，起到重要的保存和防御功能。与对话隔绝的体验是无法被挑战或失效的。

在听了阿特伍德的演讲后，我开始思考绝对主义在日常生活中所扮演的潜意识角色。当一个人对他的朋友说"回头见"，或者家长在睡觉时对孩子说"明早见"时，这些话语就像妄想一样，它们的确证性是不对讨论开放的。这种绝对主义是天真的现实主义和乐观主义的基础，它使个体在世界中运作良好，将世界体验为稳定的、可预测的。而心理创伤的核心正是这种绝对主义的破碎，一种灾难性的天真的丧失，创伤永久地改变了个体在世之在（being-in-the-world）的感觉。对日常生活的绝对主义进行严重解构，显露出的是一个随机的、无法预测的世界中存在的不可避免的偶然性，在这个世界中，人类的安全感和持续感都无法得到保证。于是，创伤显露出的是"存在的无法承受的根植性"（Stolorow & Atwood，1992）。结果是，受创伤的人将存在的各个方面感知为在正常的日常生活的绝对视域之外。正是在这种感知中，受创伤的个体的世界与其他人的世界在根本上才是不可通约的，这建造了极度痛苦的疏离感和孤独感的深渊。

　　我的一个病人为了克服一连串创伤性的侵害、打击和丧失，采用了解离的方式。在来咨询室的路上，她将幼小的儿子留在了糕点店里。当她正要走进办公楼的时候，她听到了轮胎发出的刺耳声音，于是在咨询的过程中，她明显感到很害怕，担心她的儿子被车撞死。"是的，"我带着一种只有亲身经历过丧失才有的实事求是的态度说道，"这是你所体验到的可怕创伤的遗留物。你知道在任何时候你爱的人都有可能被没来由的随机事件杀死，而大多数人并不知道这一点。"我的病人放松了下来，进入一种平静的状态，带着明显具有移情的暗指性，她开始沉思她这一生都渴望遇到一个灵魂伴侣，她可以与之分享她的创伤经历，由此她能更少地感到自己是一个奇怪而陌生的人。我相信，在这里我们能发现科胡特（1984）的孪生概念更深层的含义（Stolorow，1999）。

在自传体式描述的最后，我提出了一个问题："如果创伤能对一个人到中年的男人产生如此具有破坏性的影响……考虑到对小孩而言日常生活中持续的绝对主义还在形成过程中，那么我们该如何理解它对一个小孩产生的影响呢？"带着这个问题，我们现在来看一个临床个案，在这一个案中，严重的创伤发生在象征形成之前的童年早期。为了试图理解这一个案，我们假设一种原初的绝对主义形成于对婴儿早期同调的抱持和对孩子身体的触摸（Winnicott，1965），以及对痛苦情感状态的容纳和调节（Bion，1977；Stolorow & Atwood，1992）。我们把这作为感知运动完整性的一个特征，即个体在符号形成之前身体的不可侵犯感。这一个案证明了，早期感知运动完整性的破碎会带来终身的影响（又或者，当提到婴儿早期的创伤时，有人可能会认为，在这一时期，感知运动完整性甚至还没有形成）。

艾米，30 岁的单身女性，由于长期的严重抑郁、强迫和恐惧，并且不能与他人发生任何生理上的性亲密，前来寻求分析性治疗。尽管渴望结婚生子，但她从来没有和男性发生过关系。她曾担心自己可能是同性恋者，虽然她说她对女性从来没有性方面的感觉。

在婴儿早期，艾米两三个月的时候，她一排便就会疼痛地哭喊。由于医生的误诊，她的母亲被指导每天要用手指扩张艾米的肛门几次。当疼痛没有任何改善时，她的母亲带着她去看了专科医生。在那里，艾米被正确地诊断为肛裂，并且得到了恰当的治疗。艾米并不记得这些事了，母亲声称用手指扩张孩子的肛门也只发生过几次而已。然而，根据早期精神科会诊的报告显示，肛门侵入持续发生了几个月，直到她8个月大时。虽然在她1岁的时候，她的肛裂被治好了，但她和母亲就如厕训练有过痛苦的纠缠，她也显示出其他行为困难。在她两岁半的时候，她因为发怒和拒绝说话被送去接受第一次精神科会诊。会诊报告显示，当艾米拒绝服从母亲对她的如厕要求时，母亲就试图插入栓剂，而艾米就会惊恐地逃开，我们认为这重复了早期对孩子身体完整性的创伤性的侵害。当母亲试图让她说话的时候，她会顽固地表示拒绝，看起来是试图保存她那一直被无情破坏的不可侵犯感。

艾米对父亲没有什么记忆。父亲明显偏爱她的哥哥，并且觉得她的个性令人难以忍受。当父亲和哥哥一起玩耍而把艾米排除在外的时候，她就会通过侵扰他们的方式来获得回应，并用各种破坏性的方式来进行报复。这种侵扰性成了她童年期的人格特点。为了不被排除在外，她侵扰并侵犯别人，就像她在很小的时候被创伤性地侵害一样。显然，对艾米而言，从非常小的时候起，依恋就是和入侵等同的——要不就侵犯别人，要不就被别人侵犯。

在艾米 7 岁的时候，父亲死于肺癌。在他死后，艾米"陷入了症状的泥潭"。她开始害怕自己睡觉时死去，并反复遭受胃痛的折磨。她没完没了地问母亲关于父亲的死亡，要求母亲一遍又一遍地告诉她每一个细节。她被自己也得了癌症的信念占据，并哀求母亲带她去医院检查肿块。显然，在我们看来，父亲的疾病和死亡戏剧性地确证了她已经"知道"的事情——她的身体一直处于痛苦的、破坏性的，甚至是致命的外力入侵的危险中。

母亲对父亲去世的反应也让艾米感到非常害怕，这又侵入了她仅存的微弱的安全感。她的母亲变得非常抑郁，有多次自杀的举动，这似乎是在让艾米为她的困扰负责。进入青春期后，艾米的身体完整感被进一步破坏了。她的母亲感染了肠胃感冒，这加速了被艾米形容为"精神崩溃"的发生。艾米的反应是非常担心感染母亲的疾病，担心自己呕吐。她从童年期就对呕吐怀有恐惧，现在这种恐惧感变得更加严重并具有致残性，这件事戏剧性地表达了她对被母亲再次侵入的惧怕，既是生理上的，也是情绪上的。

在大学期间，艾米成绩优异，但在社交方面却陷入了困境。

毕业后，她进入文学社工作。她有异性朋友，偶尔也有男性表达对她的爱慕，但她从来没有与哪个男性发展到哪怕仅仅是接吻的地步。

艾米的肠胃，也就是创伤的原始位置，继续在她成年后作为冲突、痛苦和调节异常的来源，并在一定程度上严重到让她的体验性的世界充斥着被有毒力量入侵的恐惧。在开始接受分析的时候，她已经做了多次肠胃检查，包括放射性的和侵入性的检查。她遭受着严重的便秘和腹泻交替出现的痛苦，最痛苦的是严重的胃痛和痉挛。她被有关呕吐的巨大恐惧所折磨，又着迷于此。她害怕患上肠胃感冒，会竭尽全力地保护自己免受感染。例如，她会在坐飞机时戴着面罩，使用酒精棉擦手，远离孩子和任何疑似有病的人。多年来，越来越多的食物被她禁止，她认为它们是疼痛的来源。她对母亲做的饭菜的卫生程度产生怀疑，害怕母亲无意甚至有意下毒。艾米和分析师将这些症状和恐惧理解为一种对再创伤的担心的表达——担心致命的毒物给她的身体带来痛苦和令人恐惧的入侵，重述她早年经历的不可侵犯感的丧失，以及感知运动完整性的丧失。

艾米早期的创伤在抹杀她的身体完整感方面的影响还从许多感知运动协调异常的症状中体现出来。她长期感到冷，即使是在夏天，就好像她无法调节自己的体温。广播里播放的音乐会在她的脑中"卡住"，挡风玻璃的雨刷会让她烦躁。在分析过程中，她会受到分析师办公室外的活动声音的干扰，只有关上百叶窗才能让她专心。这些及其他困难都显示出，她没有能力过滤并调节视觉和听觉的刺激。她还感到自己的运动能力很差。当她擤鼻子的时候，她就像孩子一样动作不协调，一次抓起一堆纸巾，笨拙地又擤又擦。她的步态和姿势都是不连贯的、笨拙的、奇怪的。

　　她在关系中体验到的困难也类似地反映出她对身体上和心理上有毒的侵入感到脆弱这个核心主题。她对那些让她感到固执己见且控制的人表现出极度的厌恶——例如，她认为她的哥哥"把他的观点硬塞进我的喉咙"。在治疗过程中，当她开始有更多的约会时，她把男人体验为自私且固执的侵入者，总是对她的想法不感兴趣，只想谈论他们自己。渐渐地，她开始能够清晰地表达当她亲近一个男人时感到的深深的、令人麻痹的害怕，她对亲吻的厌恶，以及她对必须"服从"男人的建议的愤怒。她感到不带着这些厌恶情绪的爆发而与男人有身体上的亲密是不可能的。她对男性身体上的不完美非常关注，就像通过显微镜看他们一样——痣、疙瘩、脸上的毛发、后退的发际线，诸如此类。一个拥抱或男人的口气会让她感到窒息，即使她强迫自己去接受身体上的亲近，但她还是无法忍受自己对男人把舌头"硬塞进我的喉咙"的厌恶。这些尝试非但没有减轻她的厌恶和焦虑，反而让她对体验过度敏感，这使得进入期望中更为亲密的约会变得更加困难。

在分析中，艾米对她的女性分析师迅速发展出了一种强烈的、原始的依恋。例如，在第三次分析中，她承认她给分析师的办公室打了多次电话，给分析师家里打了一次电话，还多次开车路过分析师的办公室。她强迫性地想要获取关于分析师的信息：她住在哪里、开什么车，以及其他个人信息。当分析师并不乐于提供信息时，她会自己搜索信息，如打电话给分析师所在的医学院。此外，她还特别想看起来像她的分析师，模仿分析师的发型和穿着。在某一时刻，艾米认识到变得像她的分析师也能帮助她感到与母亲保持距离。

艾米发现了分析师家的位置，每天都会去那里监视发生了什么。她会记录分析师车的里程数，这样她就能知道分析师是否有任何远行。她会进行"盯梢"，如在电影院门口坐几个小时直到电影结束，希望可以在周末的时候见到分析师。

艾米对分析师关注的强度和张力，让分析师体验到了一种淹没感。在分析师看来，这越来越像艾米早期创伤的重复。现在，分析师遭受着艾米对她的个人空间的痛苦而羞辱性的侵入，就像艾米在婴儿期所经历的那样，而此刻艾米正扮演着入侵者的角色。

艾米的行为逐步升级，直到对分析师的隐私造成了更显著的破坏。分析师意识到自己处于高度警觉的状态，随时监测自己周围的环境，在任何时候都面临着个人空间受到威胁的风险，没有办法完全放松下来。她的身份被侵占了，这让她感到气馁和愤慨。分析师发觉自己固执地不愿意回答个人问题，当艾米穿着和分析师相似的衣服，或者对发现关于分析师个人生活的事情而感到心满意足时，分析师会发现自己感到不舒服；而当艾米不能达到这些目的时，分析师会报复性地暗自高兴。这种固执的保留是分析师人格的一个方面，现在被艾米的侵入不愉快地唤起了。

随着时间的推移，加上督导师的帮助，分析师能够承认艾米的行为在一定程度上与她保护个人隐私的需求有冲突。分析师向艾米清楚地说出了艾米的行为使她感到她的个人空间受到了痛苦而羞辱性的侵入。在某一时刻，分析师相当恼怒地说，这就好像艾米在追着她满屋子跑，试图将手指插进她的屁股。她指出，艾米正在通过持续进行这样的行为来损害她们的关系。分析师开始对艾米在办公室外进行的行为设定严格的限制，并且做出坚定的决定，告诉艾米什么样的提问或请求会让她感到舒适。当她们探讨了艾米的问题及不解答这些问题代表的意义时，治疗关系发生了变化。艾米要求的信息变少了，相应地，分析师也更能将艾米的好奇和提问体验为兴趣而不是侵入。回顾过去，艾米从分析师那里收获了重要的部分，分析师提供了关于坚定维护和保护个人边界的示范，以及不带有侵入性的依恋的示范。

在治疗过程中，艾米和分析师理解了，早期创伤的影响是一种对艾米身体的恐惧的、痛苦的、毁灭性的侵入。其结果是，身体的亲近和亲密被不受控制地感受为侵入性的、创伤性的、危险的。艾米和分析师猜测，由于母亲自身的内疚和苦恼，当年她在进行身体侵入行为的过程中，无法或很难做出共情的回应，以帮助艾米经历和忍受这一痛苦的过程并陪伴她度过创伤性的情感状态。事实上，在随后的几年里，母亲在很大程度上试图否认已经发生的创伤。由于创伤发生在艾米的婴儿早期，在象征化能力形成之前，因此它会以符号形成之前的方式被编码为"情绪记忆"而持续存在（Orange，1995），超出了言语表达和体验的能力范围，只能以弥散的身心状态或行为表现的形式呈现。之后发生在艾米生活中的创伤和困难，好像一次又一次地对那些已经前符号性地（presymbolically）编码了的部分进行重复和确认。她的许多症状和恐惧也都能被理解为，试图展现出她正持续地感到自己处于被毁灭性地侵犯和侵入的危险之中，也展现出她试图保护自己免受那些痛苦袭击的努力。艾米和分析师最终也理解了，同样的情绪记忆和危机感是如何在治疗关系中被活化，并且使分析师感到被创伤性地、痛苦地侵入的。

治疗工作的结果是艾米得到了巨大的收获。她变得能够忍受越来越多的与分析师的分离，这一部分是她对分析师认同的结果。当她在职业上大获成功时，她也越来越能够把自己看成一个有吸引力的、能干的、性感的女性。她越来越频繁地收到约会邀请，但她依然无法忍受进一步的身体亲近，也无法不对男性产生"过敏性的"反应。

　　不幸的是，在治疗的第 8 年，艾米在持续获得进展的同时，患上了渐进性神经系统疾病。对这个疾病的了解给她带来了极具毁灭性的影响。对她而言，这就是从医学上确证了她一直以来对自己的看法，自己天生有缺陷、不受欢迎、注定孤独终老。更重要的是，这也是对早年身体被创伤性地侵入的一种令人恐惧的重复。现在，有毒的外力能够使她丧失能力、变丑，并且毫不夸张地摧毁她，这再一次粉碎了她勉强建立起来的对自己的身体完整性的稳固感。看起来，在她自我体验的转化中所取得的所有进步，都被这个诊断和她所患的病症给摧毁了。她在与人接触和亲近时感到安全这方面的进步也被抹除了。事实上，她甚至怀有一种幻想，认为这个疾病是由她生活中其他人的毒害造成的。在得到诊断之后的第一个月，艾米的预后非常糟糕，她和分析师都陷入了震惊和悲痛中。不过，在接受药物治疗后，艾米的症状有所减轻，于是，她和分析师开始了重获平静的艰巨任务。艾米想与男性建立关系的愿望再次凸显出来。她表达了她的挫败，因为这么多时间过去了，她在获得亲密和性生活方面的能力几乎没有提升。更让人气馁的是，她意识到自己在某些方面变得更糟糕了；受到临床症状的影响，她对食物、太阳、寒冷和细菌的恐惧性回避变得更严重了。现在她置身于疾病及其带来的所有可怕影响的桎梏中，她又如何能够希望自己可以吸引异性呢？

艾米和分析师持续聚焦于艾米早年的身体创伤带来的后果、她在童年晚期的丧失和混乱，以及当前疾病的再次创伤性的影响。尽管艾米抱怨在她们的讨论中没有什么新鲜的东西，但她看起来更能把握机会了——例如，她会在约会前打扮一番。而分析师也爱莫能助，只能去探究精神分析过程如何能够改变早期创伤的影响，这个创伤以前符号的（presymbolic）形式存在于艾米的身体中，现在它又以毁灭性的方式复活了。这个问题位于精神分析性理解的边界上。对此，我们还有许多东西需要学习。

第7章

破碎的世界 / 精神病状态：
关于个人毁灭的体验

万物分崩离析；中心亦不可支。

—— 威廉·巴特勒·叶芝（William Butler Yeats）

持续采用现象学、后笛卡尔视角最引人注目的结果之一，是处于最严重谱系的心理疾病——所谓的精神病——也对精神分析性理解和治疗敞开了大门。这种情况之所以能够发生，是因为这些心理失常体验的特征是围绕着个人的毁灭和世界的摧毁这一主题的。这样的体验发生在笛卡尔思想系统（它将心灵构想为一个孤立的存在物，与一个稳定的外在现实有关系）的视域之外。而笛卡尔式心灵图像严格地将内在的心理主体与外在的真实客体分离开来，将非常独特的体验模式进行还原和一般化，认为个体自我的持续稳定感是和外部世界不同且相互分离的。极度自我丧失的体验和世界瓦解的体验不能被概念化为这样的一个心灵本体论，因为它们溶解了这一本体论所假定的普遍构成个体存在的结构。

一些作者（Bernstein，1983；Toulmin，1990；Orange，1995）已经提出笛卡尔主义者对确定的追求是具有防御功能的，与之关联的心灵学说是为了减轻关于混乱、不确定和创伤的感受。在笛卡尔思想产生的那个时代，类似的感受被灾难性的历史事件放大了，同时也因笛卡尔个人成长过程中的丧失和突变被加强了（Scharfstein，1980；Gaukroger，1995）。也许这些感受的极端形式就是本章讨论的毁灭的层面。基于笛卡尔式原则的理论对避免这些体验的发生产生了作用，同时也影响到了精神分析对这些晦涩难懂的体验的理解。

接下来，我们会从一个主体间性的、现象学的视角来描述这一心理疾病的极端谱系。正如本书所讨论的，主体间性理论是一种后笛卡尔的精神分析视角，它的核心是关注个体的体验的世界，从其自身的角度来理解，而不是参照外在的客观现实。此外，这个世界总是被放在一个与其他世界进行互动的关系性情境下来看待。这里描绘的对毁灭状态所进行的主体间性分析，极大地受到一系列20世纪精神分析思想家的影响，包括卡尔·荣格（1907，1965）、维克托·陶斯克（1917）、保罗·费登（Paul Federn，1952）、唐纳德·温尼科特（1958a，1965）、罗纳德·莱恩（Ronald Laing，1959）、贾斯汀·德斯·劳里埃（Austin Des Lauriers，1962）、哈罗德·瑟尔斯（Harold Searles，1965），以及海因茨·科胡特（1971，1977，1984）。他们都在很大程度上背离了笛卡尔式的世界观，虽然在其他方面他们还与笛卡尔的传统保持着联系。下面，我们首先通过重新讨论神经症和精神病的临床区别来开始我们的分析。

神经症与精神病

在传统上，区别神经症和精神病的标准在于评估病人与客观现实的接触。根据定义，精神病指的是一种与现实断裂的状态；而神经症则被看成一种还保留了与现实接触的病理性状态。弗洛伊德在《神经症与精神病》（*Neurosis and Psychosis*，1924，1961c）和《神经症与精神病中现实的丧失》（*The Loss of Reality in Neurosis and Psychosis*，1942，1961c）这两篇著名的文章中阐明了这一长期存在的观点。在文章中，他试图通过引用心灵结构的三重模型，来描述心理病理广泛分类中的异同之处。他认为，在这两种情况下，病人的困难最终都产生于"缺乏对永远存在的、超出控制的童年愿望的满足，而这些愿望深深地根植于我们的构造中"（1924，1961c），也就是说，产生于未被满足的本我冲动。根据他的描述，神经症与精神病的区别在于未被满足的本能欲望与阻碍它们得到调和的力量之间的冲突。在神经症的例子中，"自我在效忠外部世界并在征服本我的努力中依然保持真实"，而在精神病中，自我"允许自己被本我压倒并被迫离开现实"（1924，1961c）。在类似的更复杂的表述中（Freud，1924，1961b），神经症与精神病被描绘为源于本我对外在世界的挫败的反抗。在这两种情况下，冲突都可以被分解为两个阶段：

> （第一个阶段是）自我被迫离开现实，而（在神经症中）第二个阶段则是试图弥补造成的损害，并在以本我为代价的情况下重新建立与现实的联系。在精神病中，第二个阶段是试图弥补现实的缺失，但并不是以约束本我为代价，而是采取另一种更为高傲的方式，即通过建立一个新的现实，这个现实不再接受已经被摒弃的异议。

弗洛伊德总结了二者的区别，认为"在神经症中，一部分现实通过逃跑的方式被回避了，而在精神病中，现实则被改造了"。这种重塑在于"精神病人建立了一个新的幻想的外部世界，试图在外在现实中找寻一席之地"。

如此看来，神经症与精神病之间的区别，是基于一种典型的笛卡尔式心灵的观念，即将一个人描绘成一个存在物——一个会思考的东西——他要么能准确理解周遭的外在现实，要么不能。在弗洛伊德学派的精神分析和传统的精神病学中，由作为观察者的临床专家来判断病人的体验是否正确地与客观的真实世界相匹配，意味着前者已经被假定处于特权地位，可以决定什么是真实的和正确的了。

如何将神经症与精神病之间的临床区别放在一个现象学的、后笛卡尔的框架内来看待？鉴于这一区别是建立在笛卡尔基础上的，这个问题是否具有一致性？对体验的关注将使分析师不再去判断他们所感知和相信的事物的真实性，而是从其自身角度出发来评估个人现实和主观世界，并且不参照现实的外在标准。当承认这种修正的方式必然会去除心理病理学分类中一刀切的基础，同时承认临床医生更有可能发现与自己工作的是由各种主体维度定义的连续谱时，我们就可以给出一个初步的答案，即所谓的精神病人所展现的体验确实与神经症和正常人是不一致的。正如我们在前面提到的，这些体验的核心主题是个人的毁灭，现在我们将更细致地探讨这个主题。

个人毁灭的体验

精神病总是被一种不可知的氛围所萦绕，看起来与平常的体验相去甚远，因此要与精神病人达到共情是极度困难的，甚至是不可能的。这种感觉上的困难确实内在于对这些情形的特有定义，因为它们的基本特征就是违背了正常人所居住的、被假定为真实的和现实的世界。但是，在我们看来，与这种极端心理异常的主观状态建立共情时会遇到阻碍，并不仅仅是因为这些体验远离了人类一般的正常生活。如此强大的阻碍来自一个完全不同的原因——作为观察者的临床医生对体验性质本身的假设，以及最终对一个人特性的假设。当我们认为一个人拥有心灵，而这一心灵又被看作具有内在的、有意识的（也许是无意识的）心理内容时，一个结构就被强行构成了。这个结构尖锐地勾勒出与客观上真实的外部世界有关的个体人格的边界。正如我们已经指出的，这样一个图景将主体的场域分为内在和外在，将二者之间的区别具体化、固定化，并且将产生的结构设想为人类存在的普遍要素。

一旦理解了关于个体的笛卡尔式观点是如何对一个非常独特的体验模式进行还原和一般化的，我们就能看出为何精神病中如此突出的主观状态永远不能被充分地包含在基于笛卡尔前提的概念系统中。这些状态包括区分"我和非我"边界消融的体验、个体特定身份碎裂和消散的体验，以及现实本身瓦解的体验。相反，一个现象学的框架对心灵图像、心智或心理组织的具体化是不受阻碍的，因此在这个框架内，我们可以自如地研究体验，而不需评价其与一个假定的外在现实相关的真实性。相应地，探索毁灭的状态并不存在特别的哲学困难，因为我们关心的只是这个人及他的世界，不论这个人可能呈现出的是怎样的状态。

在研究心理上的毁灭时，人们可能会关注自体的体验，或者更广义地说，关注世界的体验，前者看起来是涵盖在后者的核心领域内的。自体的体验和世界的体验二者相互交织、密不可分，其中一个有任何巨大的改变都必然会引起另一个的改变。例如，自体的解体并不是一个主观事件，个体其他方面的世界不再保持完整，个体的自体感在一定程度上也被一并抹去了。自体丧失的体验意味着丧失了一个持久的中心，这个中心与组织个体体验的完整性是有关的。因此，一个人自体的解体会不可避免地导致其体验在一般意义上的瓦解，最终的结果是丧失世界本身的连贯性。同样，世界整体性的崩溃意味着丧失了与自体感的定义和维持有关的稳定的现实，并且自体碎裂的体验也会不可避免地紧随其后。因此，世界的瓦解和自体的解体是同一个过程不可分离的两个方面，是同一心理灾难的两面。

毁灭的体验位于精神病的中心，并且常常直接地体现为如下表述：这个人死了或正在死去，他没有自我、并不存在，或者缺席不在场。那些体验过毁灭的人也常常说这个世界是不真实的，它已支离破碎，末日即将来临。有时，一个人个体现实的毁灭会表现为一种永远在坠落的体验、一种旋转失控的体验、一种无限缩小和消失的体验，或者一种被周围环境吞没的体验。但更为常见的是，对重建存在感所进行的弥补和修复的努力，在临床情境中最为突出，而这些努力会表现为各种各样的形式。例如，一种变得不真实的感觉会让一个人着迷于照镜子，仿佛持续关注身体存在的视觉轮廓能够补偿个人自体感的消失。如果一个人体验到存在核心的死寂，那么他就会去寻求一种相反的活力感，通过增加感觉强度来获得这种活力感，如自我强加的痛苦且古怪的性行为，或者令人兴奋的不顾性命的冒险。身体边界消解并融化进周围环境的恐怖感受，会引发穿很多件衣服的行为，一件套一件，这表达了一个人试图重建并保护被摧毁的自体完整性的界限感。个人身份认同的感觉连续性的崩溃，久而久之会导致强迫性的回忆，并在心理上重新活在最近或遥远的过去发生的大量事件之中。对各种事件的回忆，体现了个体将暂时割裂的历史碎片变为一个整体的努力。体验到现实本身的瓦解，以及世界分崩离析，变成一堆互不相关的感知和无意义的事件，会让人产生幻觉。在幻觉中，孤立的要素被重新编织在一起，并被直接赋予了不祥的个人意义。熟人外在的细微变化，似乎表明了全球性的变动及身份认同的破裂，预示着个体稳定的世界将碎裂为一片混乱。这些连续性的破裂会通过妄想性的想法得到修复与缓和，如认为这些人不知怎的都被邪恶的冒名顶替者取代了。在所有这些情况下，想要重新整合破裂的世界，并重建存在的持续感和连贯感所做的补偿性努力是非常明显的，而潜在的毁灭状态则退回到了背景中。

在另一些个案中，毁灭本身就常常处在生动具体的、象征的前景位置上。于是，个人毁灭的画面弥漫并占据了个体的体验。在这里，极端的具象协助将个人消解的自体感维持在意识的焦点上。例如，被致命的化学物质或看不见的气体毒害的画面，具体地描绘了一种被社会环境那具有冲击性的、侵入性的影响所渗入甚至杀害的感觉。想象一台远程机器发出有影响力的射线，进入个体的大脑和身体，同样清晰地表达了一种丧失自我①并落入外星人那毁灭性的控制中的体验。想象试图谋杀的刺客或秘密谋划的政府机构，均具体化了在面对来自情感上的重要他人那不可抗拒的压力时体验到的心理被消灭的威胁。一个超自然的实体突然占据了个体的大脑，象征着个体的主体性被无法抗拒地侵入和篡夺了。

---

① 在这里，类似自我、真实性、连贯性等术语是在专有的现象学理解中使用的，指的是伴随着典型的毁灭状态形式的自体体验维度（Orange, Atwood, & Stolorow, 1997, chap.4）。

有时，毁灭的意象混杂着看起来夸大或高度理想化的自我或他人的构想，甚至被它们所取代。后者表达了个体试图复苏破碎且被消除的自体感和世界所做的努力。但是，夸大和理想化的概念在个人毁灭的现象学情境中被理解为有问题的。将一种特定的体验认定为理想化的或夸大的，涉及定义个体的判断标准——相信什么是合理的，什么又是不合理的。夸大意味着赋予个体实际上没有的意义、力量和完美。在传统上，理想化这一概念就常被使用，它意味着相应地增大某个情感上的重要他人的意义和完美性。然而，在个人毁灭的语境中，这并不代表所谓的理想化和夸大赋予或强化了任何东西。从外部参考点来看，也许这在主观上可以被理解为一种着重突出的感受，感到个体活着，感到个体拥有自我和主体性，感到个体的体验属于自己而非任何人，感到个体的个人世界是连贯的和持续真实的。例如，妄想性地声称自己是世界的主宰，其核心可能包含了一种个体感知觉和自我思维的消解感。表面上对个人成就和能力的夸大，可能明确并强化了自我和自主性在其他方面被威胁的体验。想象自己是贵族血统的后代，或者是上天特选的子民，突出并保护了一种正在消失的、与世界上的他人的联结感。认为已经参悟了宇宙的终极奥秘，获得了对所有存在物的相互关系的理解，珍藏并维护了在面临完全崩溃的威胁时，个体个人世界的完整性。在最后的 4 个例子中，问题并不在于个体将不切实际的夸大或理想化的特质归于自己或他人，而在于个体的小宇宙遭到了攻击，并且有毁灭的危险。现在，让我们转向主体间性的情境，看看我们已经描述过的这些体验是如何在其中形成的。

毁灭的主体间性情境

在之前的一本书中（Orange，Atwood，& Stolorow，1997），我们提出个人毁灭的体验反映了一种主体间性的灾难，在这场灾难中，个体在心理上与他人的持续关系遭到了根本性的破坏。这种破坏蕴含了什么？它蕴含了与他人确定、有效的联结的丧失，以及主观世界被冲击和篡夺后的碎裂。尽管造成毁灭状态的具体事件和生活境遇不尽相同，但它们都有一个共同的影响，即在最基础的层面逐渐削弱个体的存在感和真实感，包括体验到自己是一个主动的自我和主体、拥有一种连贯的身份认同并正在属于自己、具有一个勾勒并界定我和非我的边界，以及在时间和历史上是连续的。

将心理上的毁灭放在主体间性场域的情境中来看待，意味着这种体验被解释为发生在相互影响的生活系统中。因此，体验的外在表现并不仅仅被看作来自病人内部的病理情况；但是，它们也不被简单地视为遭受他人毒害的反应。这种一边倒的概念强调单一的决定因素不是来自病人就是来自人类环境，而没有考虑到发生在二者之间的复杂的交互过程。有时，那些经历了上述体验的人被认为本来就特别脆弱或具有易感体质，并且把这种易感性看作个人毁灭起源的决定因素。这种观点的问题在于，它回归了笛卡尔式客观主义的思维，在这种思维中，位于个体"内部"——在他的心灵或大脑中——的因素成为其主观状态的重要原因。于是，我们就有了一幅孤立心灵的画面，它包含了敏感和脆弱的易感体质，一旦面对各种客观的外在压力，个体就崩溃了。如果我们在一个主体间性的框架内去理解，我们会发现位于任何人内部的、完全隔离的脆弱性并不存在，因为个体无论表不表现为脆弱，都只会发生在特定的主体间性场域内。

想象一个病人感觉自己不在场、并不存在、没有自我。进一步想象一个并不了解这种状态的临床医生问她："你今天感觉如何？"第二人称的"你"向病人暗示了她不能体验到的一种存在感，这样一来，她和提问者之间就出现了一个误解和失效的鸿沟。也许这个病人的回答是"十亿光年"，这表达了她感到与提问者之间的距离非常遥远，鉴于对方已经有了一个天真的假设，即认为存在一个"你"，因此对这个"你"而言，这个询问是明白易懂的，这个"你"可以回答其当时的感受。也许这个病人还感到自己被提问者毫无根据的假设所侵入和占据，接着她开始说觉得有一台机器向她的大脑发出射线，以此赋予这种深深的毁灭感以形式和实质。从提问者的角度看，他对事物采取了笛卡尔式的观点，而病人的回答是不可理喻的。毕竟，问题是恰当且清晰的，而得到的回答根本没有显示出任何与正确和现实的关联性。病人就站在离提问者几步之远而非十亿光年的地方，世界上也不存在如病人描述的那种机器。显然，提问者会认为，病人是如此敏感和脆弱，以至于最轻微的人际互动都会触发病人怪异的反应，而这些反应源于病人心灵或身体中发生的病理性过程。于是，一个相互强化的主体间性分裂便出现了，提问者把缺陷归于病人的心灵或大脑，而病人体验到她的心灵或大脑正在被一个外在的影响渗透和占据。

　　现在，想象另一个临床医生用另一种方式和病人对话，他承认病人的非存在感，也理解病人准备屈服于任何发生在自己身上的事情。他以第三人称和病人说话，传达他认识到不存在是多么糟糕，并用各种非常具体的方式让病人知道，她并不是独自一人面对持续发生在生活中的灾难。起初，病人对这种完全不同的方式感到很意外，然后她开始感到被理解，并且自相矛盾地感到一闪而过的存在感和一种与持续的不存在的感觉截然不同的瞬间。这些存在的瞬间由于被看到和被承认的确认感而产生，它们带来了一种痛苦的鲜活感，与那种持续伴随着不存在感的麻木和死寂形成了鲜明的对比。也许病人在一段时间后说她被一群蜜蜂蜇了，这是把偶然发生的、重新感到鲜活的瞬间具体化了，因为它们与熟悉的死寂和非存在不同。让我们进一步想象，这个临床医生接收到了这个短暂的妄想所含的隐喻，并找到方法解决病人感到重回生活的矛盾体验。于是，在"被他人肯定"这种无可比拟的力量中，她的存在感再次加强了。病人开始接受别人对她的归因和定义，而这本身根植于一个复杂的、毕生的主体间性讨论的历史中，而不发生在第二种互动的前景中，因此在展开的体验中，它不会表现为一种操作性的缺陷或脆弱。因为在这个情景中，主体间性场域的特点是一方面逐步发展出理解，另一方面确认感占据主导位置、存在感持续增加。

在上面引用的例子中，我们看到一个采取笛卡尔式假设的临床医生没有站在理解非存在的位置上。对这样一个观察者而言，病人的不存在不是真的，她的缺席也不是真的，她那关于机器发出的穿透性的射线影响了自己的说法，不过是过度的妄想。当然，这位临床医生在沟通中所体现出的任何回应，都强化了病人被否定和毁灭的体验，加速了分离的世界的出现，在这个世界中病人关于消失的具体化图像变得更加复杂，而临床医生对展现在他眼前的疯狂景象感到更加惊愕。在这个恶性循环中，病人所谓的妄想表达了主体性遭受到的围攻，这是由相互误解和相互否定所构成的两个世界之间的战争的产物。

为了进一步定义和阐述个人毁灭的情境，让我们来看另一个病人。她是一个年轻的天主教徒，多年来一直被一种想象占据——认为自己与天主有一种特别的联系。在生动的幻觉和复杂的妄想中，她体验到自己与天主是一体的，与耶稣基督有过性结合，自己是天主将缔造和平的治愈力量播撒到人间的通道。病人拥有的这些想法和信念，使周围的人无法在有意义的对话中将他们的体验与她联系在一起。因此，这个病人被认为是与真实世界丧失了联结的疯子。当然，在现象学上，这样的评判和误诊不会发生，因为我们会试图用病人自己的主观术语去理解病人，探索相关的历史事件，使她的情况在人性上可以被理解。这样的探询揭露了发生在她童年中期的一个关键事件，她深爱的父亲在遭遇毁灭性的失望和个人职业生涯的失败后突然自杀了。我们还发现，她的家人掩盖了父亲的死亡，并虚假地将其重新定义为一场意外，然后将其隐藏在一堵无法穿透的沉默之墙后面。整个家庭继续生活，就像父亲的自杀从来没有发生过一样，很少有人提起他，以至于他被降级为一个从未有过实际地位的人。正是家庭避而不谈父亲的死亡和生命，使得病人内在的死寂感和孤独感在随后的几年里逐渐加深。也正是在这个情景中，她第一次沉思默想出耶稣基督的形象，以及自己的特殊位置。在十多年的时间里，她与天主有关联这一隐秘的宗教想法，逐渐发展为羽翼丰满的妄想性现实，并最终在家庭中爆发为巨大的暴力冲突。第一次冲突爆发时，她被紧急送往精神科住院，之后她也曾多次住院。在这一时期，病人试图表达的核心，就是她要与耶稣基督立马合二为一的高声的、迫切的需要。她深信耶稣基督已经奇迹般地化身为一个她早就认识并短暂依赖过的教会附属咨询师。

在病人还年幼时，与父亲的联结就是她持续存在的核心。当父亲死后，联结也丧失了。如果她从小便一直相信父亲是真的爱她的，那么他的故意自杀对她而言就是难以想象的。然而，这种难以承受的被抛弃的体验本身又被家庭的否认压抑了。因此，她在父亲活着的时候所了解的现实，以及她在父亲自杀后所感受到的失去都被根除、作废了。最终，随着死寂感的扩大和加深，她的自体感也逐渐削弱了。

在这个被抛弃、被毁坏的情境中，分析师应该如何理解病人看起来古怪的宗教性表达和需要？追随弗洛伊德的笛卡尔式分析师，会不可避免地聚焦于病人的信念和生活情境的客观真实之间的巨大差距，认为病人缺乏现实检验能力，打破了客观的真实，并建立了理想化的替代物。从这个视角出发，一连串的宗教幻想和妄想表现为满足与父亲联结的愿望的替代物，而病人沉浸在这些由幻想构成的精神失常中的代价，是她牺牲了对现实的、痛苦的悲伤情境的关注。相反，一个主体间性的分析师会聚焦于病人所谓的妄想是如何保护和存留一个破碎的世界的，它们是如何恢复一个已经在根本上遭受毁灭的个人现实的，它们又是如何在被完全消除的体验中努力复苏、维系世界的联结的。根据这种后笛卡尔式的视角，她并不是要逃离痛苦的现实，而是在使用她信仰的符号去封装那所剩无几的、被毁灭了的与父亲的联结，从而维持对自己和对世界的体验中最真实的部分。在治疗过程开始时，她急切地、带有攻击性地反复诉说她与耶稣基督结合的需要，这表达了她的存在依赖于保存与世界联结的迫切需要。

　　将这样一个人看作妄想性的，突出了她的体验和信念与外在现实条件之间的不一致。从这个视角出发，必然产生的一个目标就是重新使病人的想法与一般认为的真实和正确的事物保持一致。在合乎规范的信念中，与耶稣基督有特定联结的想法没有一席之地，这种想法被认为是病理性的幻想，是需要被解释、被放弃或被压抑的。也许有人会问，以这样的方式看待并治疗病人，会对病人产生什么样的影响？这样的观点必然传递了一种信息，即病人被感受到的最迫切的愿望误导了，并且病人仅存的想要维持自我及其现实的愿望是毫无根据的。这一信息重复并强化了她所感受到的、被父亲和她的家庭抛弃和否定的情绪体验，后果是加速了她的妄想过程，因为她会以更加具体、生动、戏剧的方式寻求自己的生存。于是，恶性循环再次出现，分离的世界在误解和相互否定的无止境的循环中彼此斗争。

理解病人这一乞求的意义的分析师不会有重组她的体验内容的想法；相反，分析师的目的是将一个新的要素引入她已毁坏的生活，围绕着这个新的要素，她可以重新感到存在的内核。这一要素将根植于她对分析师的体验及对分析师理解的体验中，它在情感上具有影响力和力量，并且具有安抚和安心的作用。而分析师将会通过有规律地出现和再现，并通过各种简单而具体的互动来吸引病人的注意，在时间和空间上建立起个人的存在，首先是身体的存在。最终，病人拯救自己和世界的妄想性努力开始直接指向分析师，这是不可避免的。她会向分析师施加压力，让分析师促成她和她认为是基督耶稣的男人的重聚，而分析师将会温柔但坚定地回应她，在这个世界上，她唯一应该考虑去见的人就是分析师。分析师会进一步解释，除了他们彼此的会面，她不会与任何其他人见面，因为只有在他们的共同工作中，她才会越来越好，并且能够回家与所爱之人在一起。在所有这些干预中，分析师被一种理解引领着，即他必须成为病人努力奋斗的后继者，而治疗关系正是实现病人的心理存活的核心战场。病人会如何回应这些呢？妄想的过程非但没有恶化，反而开始减弱了。因为分析师被构建为她可以联系的人，从分析师的身上，她可以在毁灭的世界中恢复自我感和现实感。

起初，她的依赖一定非常强烈，她甚至会暗示自己发现分析师具有和天主一样的特殊地位。这样的表达可以理解为联结的力量正在形成，这一联结巩固了正在重新组装过程中的分裂的世界。相应地，分析师不会在言语内容层面对这种说法做出回应，而是专注于强化她已经开始体验到的正在发展的联结。这个联结每牢固一点，都伴随着她的世界的进一步稳定，以及宗教性画面的逐渐去中心化，因为它们的功能被治疗性的关系取代了。在这一治疗过程的早期阶段，联结的任何扰动都会产生极端的、被抛弃的恐惧反应，有时宗教性的幻想也会再次出现。当受到威胁的联结在每一种情景下都得以恢复时，恐惧便会消失，宗教性的幻想也会减少。通过这种方式，治疗性条件得以逐渐形成，病人被抛弃、被背叛、被否认的体验也能够在一个持久的基础层面得到解决和治愈。

一旦对精神病人采用后笛卡尔式的态度，正如以上两个案例描述中所呈现的那样，新的理解就会形成，之前看不见的治疗干预的机会就会出现。为了探讨这种视角转变的含义，我们将讨论在临床精神分析中与理解毁灭状态有关的其他两个重要议题：躁狂的问题，以及在最极端的形式下的心理创伤的本质。

躁狂的抗议

在传统上，躁狂这一精神状态被定义为个人的情绪、思维和行为与预先设定的正常标准出现偏差。用于识别这一精神状态的诊断指标有：不切实际的过度兴奋、思维奔逸、夸张自大的计划、性欲亢进、极端易激惹、对他人的需要和感受不敏感。在笛卡尔式框架内应用这些标准，诉诸的是来自外部的健康准则，这不可避免地阻碍了分析师从病人自身的经验世界来探索躁狂。将躁狂看作一种心境障碍的精神分析视角，关注专门的心理内部动力，并将根植于关系情境的主观状态排除在外。对此，当采取一种持续的后笛卡尔式路径时，我们会相应地提出两个问题。第一个问题是，如果从一个试图接近体验的视角出发，那么躁狂的特点是什么？第二个问题是，伴随着躁狂状态发生的典型主体间性场域的结构是什么？对于这些问题的回答，我们受到如下事物的启发：伯纳德·布兰德查夫特（Bernard Brandchaft，1993，1994）的影响深远的见解，以及对这一现象进行自传式描述的两本书中提到的某些体验，一本是帕蒂·杜克（Patty Duke）等人的《精彩绝伦的疯狂》（*A Brilliant Madness*，Duke & Hochman，1992），另一本是凯·杰米森（Kay Jamison）的《不安的心灵》（*An Unquiet Mind*，1995）。

杜克在成年早期体验到的几次躁狂发作中，有一种引人注目的幻想，即国外政府机构已经渗入美国白宫。她相信这些潜入者正在逐步指挥美国的政治。她的任务是亲自拯救她的祖国，通过根除这些入侵者，将政府的操控权交还到美国官员手上。实际上，完成这一任务的尝试失败了，紧接着她就陷入了非常严重的抑郁状态。通过了解类似的幻想，我们可以如何理解这一躁狂体验及其情境的性质呢？我们认为，杜克关于国外政府机构潜入美国掌控政治决策的想象，具体化了她在心理上被侵占的感觉——在明确身份认同并掌控自己的生活方面，她屈从于他人的意愿和安排。在她的生活史中，与此相关的最重要的事实是，她是在一个高度虐待性、剥夺性的环境中，作为娱乐工业的产物长大的。作为一个年轻的女孩，她被电视代理和制片人呼来唤去。她成长在一个从来都没有真正属于过她的世界，成为一个全美国著名的明星，让她丧失了童年。理解她的情绪受到俘虏的程度，可以帮助我们识别在她的个人生活情境中，躁狂的意义具有怎样的核心特征。她的躁狂状态的核心包含了一种逃离的企图，期望摆脱或逃脱决定她的身份认同和生活方向的外在内容。布兰德查夫特（1993，1994）把这种逃离形容为"暂时摆脱奴役的束缚"，当然它只是二元模式的一面而已，另一面是把自己和自己的生活移交给起决定作用的强大的外在机构。正如杜克幻想美国政府所面临的困境时象征性地描绘的那样，躁狂的黑暗替代品是持续屈服于他人的强大掌控，她被侵入性地定义了自己是谁，以及自己应该如何生活。

有趣的是，《精彩绝伦的疯狂》的合著者事实上是一位科学记者，他从生物精神病学的视角撰写了书中关于杜克个人编年史的几章。这几章描绘了疾病的生理原因，穿插在杜克撰写的、讲述从她的视角体验到的生活故事的几章中。如果将这本书的整体视为对杜克灵魂之旅的记录，我们就见证了一个完全外在的决定者，就像想象中的白宫潜入者一样，占居在她关于她自己的叙事结构的内部。因此，这本关于她的躁狂的自传，周期性地反映了躁狂本身的内在模式——在习惯性地屈从于外在权威与自我表达和自我解放之间来回摆荡。

在杰米森的《不安的心灵》一书中，存在着在体验上相互矛盾的另一个平行面。虽然这本书只有一位作者，但是在流动的描述中，我们可以识别出两个不同的声音。一个声音是与医学权威结盟的，它一遍又一遍地确认使作者痛苦的躁郁症的生物学基础。这个声音形容道，杰米森的生活就像一种器质性疾病的发展历程。另一个声音反复表达了对她在循环状态中的强烈体验的热爱，并且非常不情愿地接受躁狂这个医学诊断和医生开的稳定药物。在这个疯狂的故事中，许多事件一再发生了，其中某个事件涉及一个生动的幻觉，这个幻觉象征性地编码了杰米森个人史的重要方面。她描述道，在经历了一段时间的躁狂行为和越来越多的困惑后，在某个夜晚她突然感到眼睛后面有一道奇怪的光，然后她看到一个巨大的黑色离心机，这个离心机不知怎么的就在她的脑子里。然后一个身穿飘逸的白色晚礼服、戴着长长的白色手套的人，拿着一个花瓶大小的玻璃管走向离心机。她认出这个人就是她自己，然后恐惧地看着血染到晚礼服和手套上。这个满身是血的人把玻璃管放进离心机里，然后打开了机器。她被吓蒙了，看着机器转得越来越快，听着玻璃管撞在金属上的叮当声越来越响。最后，离心机爆炸成数千个分离的碎片。血溅得到处都是，把一切都染红了，甚至漫延到了天空中。

　　我们该如何理解这个幻觉，杰米森的躁狂又告诉了我们什么呢？玻璃管中的血液也许是她内在活力的象征，被装在一个基于她成长环境的角色身份中。这个身份表达为一个身穿晚礼服的人，这是杰米森童年时传统的军人世界对一个年轻女孩的期待的具体化。作为一名空军军官的孩子，她被期望学习"良好的礼仪、跳舞、戴白色手套和其他虚无缥缈的东西"（1995）。在这一系列期待中，留给她所形容的、极度反复无常的女孩的空间寥寥无几。血液受到离心机的巨大压力的画面，描绘了杰米森体验到她必须履行的角色带给她的沉重影响。当离心机爆炸时，这些角色分崩离析，一种从前被禁锢的精神生活得到了解放。但是这种解放是一种无结构的混乱，否定了她一直居住的有序且模式化的世界，却没有包含取而代之的有组织的事物。

从后笛卡尔式的主体间性视角出发，躁狂的状态不能仅仅被看作一种对抑郁的防御，也不能被解释为一种唯一的、心理内在转化的结果（Kelain，1934，1950a；Winnicott，1935，1958b）。躁狂的一个普遍且重要的意义在于，它表达了一种对自己被毁灭性地完全占据的抗议，以及对那种不完全真诚地属于自己的角色的抗议。[①] 因此，通过瓦解一种基于顺从他人所安排的身份的"借来的内聚性"（Brandchaft，1993，1994），它暂时恢复了自我感和自主感。

这种恢复之所以只是暂时的，并且总是如此具有破坏性，是因为躁狂的抗议是一种熟悉模式的爆发，它缺乏构成任何替代性的心理组织。因此，定义躁狂状态的典型诊断指标，可以被理解为展现了个体主动把屈从的生活带入混乱的自由。

躁狂是围绕着模糊的图像和根植于已丧失真实的可能性的直觉产生的。而看似短暂地以躁狂状态出现的世界，也因此充满了激动人心的兴奋和欣快。突然间，凡事皆有可能，因为一个崭新的、自由的世界被打开了，这里存在大量创造性地自我表达的机会，也许个体在人生中第一次有一种知道自己是谁的

---

① 这一构想与弗里达·弗洛姆 - 瑞茨曼（Frieda Fromm-Reichman）的人际间的（而非主体间的）普遍化（generalization）是相容的。在产生所谓的躁狂 - 抑郁病人的家庭中，孩子往往要满足他人的需要和目的，而没有被作为一个具有自己权利的完全分离且独立的个体来对待。

激动感。在极端的情况下，思维和行动的任何限制都消失了，混乱支配了个体体验的所有方面。最终，这个新的世界会不可避免地开始崩塌，因为没有什么东西，也没有谁可以维持它，它也从来没有牢固的基底组织。这个时候，压倒性的抑郁常常会出现，因为旧的身份开始重新主张，旧的适应模式也开始恢复（Brandchaft，1993，1994）。新发现的自由消失了，个人命运的光辉美梦也破灭了，暂时增强的效能感和自我感也被死寂和毁灭的惰性所取代。

躁狂的体验就像任何主观状态一样，离开所出现的主体间性情境，是无法被完全理解的。致力于将对这种心灵状态的"解释"归因于唯一的内在因素，而忽略主体间性场域的构成性作用，存在落入过于简单化的还原主义的风险。现在，让我们转向临床精神分析中的第二个重要议题：极端的创伤和个人毁灭的体验之间的关系。

创伤与毁灭

为什么有人能成功地用解离的方式来回应创伤，相对完整地保留他组织的世界，而另一些人则带着自体和世界瓦解的体验来回应创伤？传统的精神分析观点倾向于使用诸如自我力量等概念来回答这个问题，诉诸存在于个体孤立心灵内部的内在复原力这一因素。只要创伤被认为是由外在造成的，我们就可以采用这种诠释方式，因为我们预想，不同的心灵对同一个客观事件会有不同的反应。

一个后笛卡尔式的精神分析理论并不否认个体力量的存在，不过它认为只有在特定的主体间性场域内，资源才能发挥作用。另外，我们对创伤本质的理解，也会根据其发生的关系和在历史情境中具有的不同部分功能而有所不同（Stolorow & Atwood, 1992）。引发毁灭的创伤体验所根植的特定情境很有可能与引发解离的创伤体验有很大不同。这个差异的本质是什么呢？我们将再次通过一个临床故事来回答这个问题。在这个临床故事中，一位年轻女士的生活包含了一种持久的、对极端创伤的解离，并且，在她进入青春期晚期时，这种解离失败了，带来了毁灭的体验。

这位病人 18 岁时第一次出现了伴随着个人毁灭感的心理危机。那是一个下午，她没有钱，也没办法回到父母家，于是她开始出现幻听，这进而引发了心理危机。她打电话给母亲，请求母亲来接她，但是母亲平静而雀跃地告诉她，她完全有能力自己想办法回家。在那段时期，由于生活中出现的各种极端困难的情况，她感到十分抑郁，而母亲的回应令人沮丧和困惑。她不认为她能找到任何方法，也非常确定靠她自己是不可能跨越 30 公里回家的。但是母亲是如此积极地鼓励她，让她靠自己回去。她站在电话亭里，淹没在对话里呈现的令人困惑的印象中，突然她听到一个声音："你看……你瞎了……你看……你瞎了……你看……你瞎了。"这个声音一遍又一遍地低吟着这几句话，让她感到更加恐惧和困惑。她不知道是谁在说话，话的含义让人感到奇怪，而且似乎她一边听，含义一边在发生变化。这些话相互矛盾，第一句话的意思是她能看见，第二句话的意思是她不能。当上一个困惑还没有得到解决时，声音再次响起，这一次它似乎在向她解释她确实看不见任何事物，事实上她就是瞎了。但是她很困惑，如果她瞎了，完全看不见任何事物，她又怎么能期待自己看到自己瞎了呢？她想，这个声音正在让她看见她看不见的事物，但是她无法理解这意味着什么。最后，这些话消失了，所有的事物，包括她自己的身体，都开始失去稳固性，变得不真实。在这个让人摸不着头脑的状态里走神了几个小时之后，她被警察发现并送往精神病院。当天的报告形容她一直处于突发精神病性状态。

当第一次崩溃发生时，有三个情境影响了这位年轻的女性。第一个情境是她刚好高中毕业，进入了一所大学，在那里，她不认识任何人。在危机发生之前的几个月里，她感到越来越疏离和孤独，这与她在高中和初中时的体验截然相反。她上高中和初中时有很多朋友和对她很好的老师，她也很享受课外活动。

但是，现在她身处一个不熟悉的领域，对上课的内容也不感兴趣，并且她长时间独自待在宿舍里。唯一打破这种隔离的，是她会时不时地与遇见的男性发生性关系，但是他们之中没有人表示想要与她建立持久关系的意向。第二个令人不安的情境是，她知道母亲患上了卵巢癌，并且癌细胞已经开始转移了。她认识到母亲只能活一年左右，也预见到母亲的死亡将标志着她的正常世界和正常生活的结束。这些感觉有时会以噩梦的形式象征性地出现，她梦见童年时期家的后院里有一个凸起的巨大土堆正在不断膨胀和生长，向她逼近。她想象这个越来越大的土堆是母亲的坟墓。这一灾难性的时期的第三个令人不知所措的情境是她出了一次车祸，造成了严重的脑震荡和膝盖受伤，使她饱受了好几个星期折磨人的疼痛。受伤前完整和可靠的身体，现在变成了引发巨大痛苦的场所，以及前所未有的脆弱感的源泉。

母亲否认性地回应她求助的请求，引起了她灾难性的反应，当然这个反应与之前描述过的、强烈的压力情境并不是相互独立的。我们如何理解这些不同的创伤事件对于引发她最终的毁灭体验所起的作用呢？这个问题的答案必须从病人的生活历史中寻找。

直到危机爆发，她被送进医院之前，至少从外表上看，她一直处于高功能水平。在学习过程中，她一直保持着非常优异的成绩，有许多相识很久的朋友，每一个认识她的人都认为她是一个快乐的人。在外人眼里，她的家庭也完全正常，他们将草坪修剪得整整齐齐，也会定期去教堂，参与全国家长教师协会（Parent Teacher Association，PTA），并持续为社区组织做贡献。但是，这个家庭中存在着一种暗藏的疯狂。在病人的整个童年时期，她都遭受着父亲隐秘的性虐待。他总是在半夜，当其他家庭成员都睡觉的时候进入她的房间，然后温柔地叫醒她："好了，亲爱的，我们的特别时刻又到了。"事后，他会把她放回床上，悄悄离开。关于夜间发生的事情，病人只和别人提过一次。当她 6 岁的时候，她把父亲的行为告诉了她的一个朋友。那时，在她的想象中，所有的父亲都与女儿进行类似的仪式。因此，对于朋友听到这件事后的惊吓和恐惧，她感到非常意外。朋友告诉了她自己的母亲，她的母亲又告诉了病人的母亲。病人的母亲在悲痛欲绝下打电话给家庭医生汇报了整件事。当医生解释说，6 岁的女孩通常都会编造类似的故事，以表达早期的性发育时，母亲便放心了。当天，母亲义正词严地警告病人，如果她再继续编造类似的谎话，就会受到严厉的惩罚。父亲也在第二天把她叫到身边，告诉她最好对他们的特殊关系保持沉默。他还补充道，人们一般还没有做好准备理解和接受类似的事情，但是最终世界会改变的，世界上的父亲和女儿都会有他们的"特别时刻"。根据他的说法，在古代的埃及和雅典的皇室，父母和孩子都会参与到这样的爱的行为中，而这些地方能在很久以前就有如此辉煌的成就，部分原因就是有这些行为。他还说，他和她事实上是新时代的开创者，在这个新时代，古代的方式将得到复兴，整个世界都会更新。但是，与此同时，她最好把这些都隐藏起来。她发誓再也不会和任何人说起。于是，虐待不被干扰地继续进行着，直到她13岁的时候，家里的一个亲戚撞见父亲与她的弟弟在房间里发生性行为。

　　病人是如何在这些情形下存活下来的呢？她通过将晚上同父亲的经历与白天的生活相隔离的方式来应对。在白天的时候，她从来不去想天黑以后发生的事情，相反，她全身心地投入学校，与朋友一起正常生活。父亲在白天也完全不同，他会表现出关心、为家庭奉献的样子，而母亲的行为也像一个疼爱子女的主妇。他们在政治上持保守态度，致力于给孩子灌输自力更生和正义的品质，经常在晚餐时长篇大论关于道德价值和伦理品行的重要性。在很多时候，父亲甚至指导他的女儿，当她在未来的生活中遇到年轻男性想要在她没有准备的情况下与她发生性关系时应该怎么做。与此同时，夜间的造访继续进行，仿佛这是另一个平行的现实，与白天正常生活的体验泾渭分明地分裂开来。病人在晚上屈从于父亲，顺从他温和的侵入，每天早晨醒来的时候，她就像晚上什么都没有发生过一样。但是，在整个虐待过程中，她一直被重复出现的噩梦困扰，梦境生动地描绘了她在家庭中的心理处境。

在这些梦境中，有一个梦在她童年早期和中期的时候出现了数十次。在这个梦中，她独自站在厨房闪闪发光的漆布地板上。她留意到地板上出现了许多小黑点，每一个都不过句号那么大。接着，她看到每一个小黑点上出现空洞，仿佛有一股无形的、瓦解的力量从地板上散发出来。任何在空间上延伸到地板上的物体都有洞，洞的大小和正下方的小黑点正好一样大。当她盯着奇怪的小黑点时，她注意到它们慢慢地变大了。当小黑点变大时，物体上的洞也变大了，很快整个厨房的灯、橱柜、天花板都开始消失。由于她自己也站在同一个地板上，这个不断扩大的小黑点也威胁到了她。梦境的结局总是她恐惧地在扩大的黑暗中上蹿下跳，尽力让自己待在光亮中。在这个梦中，黑暗和光亮的画面与病人童年期昼夜世界的分裂相关联。在白天，世界就是它应该呈现的样子：母亲和父亲是关心、支持她的父母，她努力学习并在学业上取得优异的成绩，与不同的朋友一起参加快乐且有趣的活动。她能够生存在这个光亮的世界中，与那些没有被夜晚的事件污染的他人维持完整的联结。但是，当夜晚来临时，一切都不同了：白天关心体贴的父亲消失了，他的脸上会露出一丝奇怪的坏笑，然后开始进行性剥削。在"特别时刻"，她感到自己被抹除、摧毁了，变成了一个物体。正如她后来回忆的，忍受这些死亡般的时刻的一种方法，就是望着她余光中的月亮，让自己迷失在它的光亮中，直到父亲结束。这种复原力似乎也反映在她后来的精神病时期，她坚定地怀着妄想性的信念，认为月亮是一个意识实体，一直在保护着她、跟随着她、看着她。

病人体验到的白天和夜晚的分裂，在很大程度上反射了她父亲本人的割裂。他自己就在两个截然不同的状态中转换：在一个状态中，他是一个正常的家长；在另一个状态中，他是一个带着关于爱和古代皇室的奇怪幻想的性虐待者。在病人的童年时期，长期重复出现的另一个梦境表征了"两个父亲"及其在分裂世界中迥然不同的行为所造成的张力。在这个噩梦中，病人一丝不挂地趴在地上。她身体的两边都有六七个矮小的男人，就像侏儒或小矮人一样，每个人都握着一根绳子。每根绳子的另一端都有一个钩子插进病人的皮肤里。起初，右边的一列侏儒或小矮人开始拉绳子，向外拉扯病人的皮肤。接着，左边的一列侏儒或小矮人也开始拉扯绳子和钩子。病人的皮肤被交替拉扯着，先是右边，接着是左边，然后又回到右边，直到最后病人在恐惧和困惑中惊醒。

现在，让我们回到最开始的问题：引向毁灭的创伤体验与那些引向解体的创伤体验之间最重要的区别是什么？病人在年轻时精神崩溃的情况相当于对正常世界进行的三次攻击，而她的正常世界本身则受到持久的分裂的保护，这种分裂支撑了她的一生。她丧失了学生时代支持性的社会框架，母亲被癌症抢走了，她又在车祸的物理环境中受到猛烈的攻击。从这些丧失中，我们也许可以理解在崩溃的那天，她打电话向母亲求助的巨大意义，以及母亲摧毁性的、否认的回应所具有的灾难性影响。这种否认发生在病人极度脆弱的时刻，重现了她在童年时表达与她遭受的巨大虐待有关的需要时，父母双方的反应。

毁灭的创伤颠覆了个体理解自己人生的所有方式，并且在最根本的层面攻击了其与周围人保持的支持性联结；解体的创伤尽管也是对组织体验的存在性的威胁，但个体在一定程度上还是保留了完整的支持性联结，于是一个稳定的自体与平稳的世界幸存下来，创伤事件得以被封装和分裂。在上述临床个案中，由于病人白天的生活非常稳定，因此对白天和夜晚世界进行相对稳定的分裂成为可能。而毁灭的体验只有在正常的世界本身也开始崩溃的时候才会出现。在病人崩溃之前，特定的触发事件是母亲对她的求助的回应。这个请求不但被断然拒绝了，还被定义为是毫无根据的——母亲雀跃地提醒女儿，她完全有能力照顾自己。于是，病人绝望地向家人寻求解救的努力被抹除了，而她所感受到的世界的现实也随之消解。幻觉中重复的信息"你看……你瞎了……你看……你瞎了"正是以听觉的形式将这种消解具体化了。

通常，在自体和世界解体之前，戏剧性的、可简单识别出的事件是不存在的，这会导致笛卡尔式的观察者推断病人的精神病完全是由内在因素和过程引起的。这样的推断凭借的是对内源性和外源性的精神病理的武断区分，而没有考虑到看起来寻常或琐碎的事件的独特含义，这些事件可能发生在主体间性的场域内。这一情境有时包含了那些影响深远的、持续发展的世界形成的主题，这些主题可以追溯到早期生活的兴衰，有时也包含了个体体验"我是"（I am）的能力的主题。每天发生的潮水般的事件在外部观察者看来，没有一个方面是不同寻常的，却有可能残酷地变成与这些主题相关的创伤，逐渐剥离与他人的支持性联结，破坏个体的存在感。没有来由的突然崩溃、缺乏重大创伤和压力等诱因的逐步恶化，从笛卡尔式的视角来看，除了发生在病人内部的病理性过程这一原因外，人们无法用其他东西来解释这种精神病性体验的爆发。相反，后笛卡尔式的视角让我们关注到，这些心理灾难根植于沟通中的主体间性场域。这样的关注常常会打开我们的视野，看到我们之前在病人的表达中没有看见的含义。这些含义使我们突然对所谓的精神病的表现有了新的理解。最重要的是，根据这些调整后的理解，新的治疗干预的机会也随之出现，而病人那遭受破坏的世界本身，也开始向治疗性转化敞开。

参考文献

Aron, L. 1996. *A meeting of minds: Mutuality in psychoanalysis*. Hillsdale, NJ: Analytic Press.

Atwood, G. E., and R. D. Stolorow. 1980. Psychoanalytic concepts and the representational world. *Psychoanalysis and Contemporary Thought* 3:267–290.

_____. 1984. *Structures of subjectivity: Explorations in psychoanalytic phenomenology*. Hillsdale, NJ: Analytic Press.

_____. 1993. *Faces in a cloud: Intersubjectivity in personality theory.* 2nd ed. Northvale, NJ: Jason Aronson.

Bacal, H., and K. Newman. 1990. *Theories of object relations: Bridges to self psychology*. New York: Columbia University Press.

Bader, M. 1998. Postmodern epistemology: The problem of validation and the retreat from therapeutics in psychoanalysis. *Psychoanalytic Dialogues* 8:1–32.

Beebe, B., and F. M. Lachmann. 1994. Representation and internalization in infancy: Three principles of salience. *Psychoanalytic Psychology* 11:127–165.

Beebe, B., F. M. Lachmann, and J. Jaffe. 1997. Mother-infant interaction structures and presymbolic selfand object representations. *Psychoanalytic*

177

Dialogues 7:133–182.

Benjamin, J. 1995. *Like subjects, love objects: Essays on recognition and sexual difference*. New Haven, CT: Yale University Press.

_____. 1998. *Shadow of the other: Intersubjectivity and gender in psychoanalysis*. New York and London: Routledge.

Bergson, H. 1960. *Time and free will*. Translated by F. Pogson. New York: Harper Torchbooks. Original edition 1910.

Bernstein, R. 1983. *Beyond objectivism and relativism*. Philadelphia: University of Pennsylvania Press.

Bion, W. 1977. *Seven servants*. Northvale, NJ: Jason Aronson.

Bleichmar, H. 1999. A modular approach to the complexity of unconscious processes: Implications for psychoanalytic psychotherapy. Paper presented at the Institute for Psychoanalytic Self Psychology and Relational Psychoanalysis, Rome, March.

Brandchaft, B. 1994. To free the spirit from its cell. In R. D. Stolorow, G. E. Atwood, and B. Brandchaft, eds., *The intersubjective perspective,* pp. 57–76. Northvale, NJ: Jason Aronson. Original article 1993.

Brentano, F. 1973. *Psychologie vom empirischen standpunkte* (Psychology from an empirical standpoint). Leipzig/London: Felix Meiner/Routledge. Original edition 1874.

Brothers, L. 1997. *Friday's footprint: How society shapes the mind*. New York and Oxford: Oxford University Press.

Cavell, M. 1991. The subject of mind. *International Journal of Psycho-Analysis* 72:141–153.

_____. 1993. *The psychoanalytic mind: From Freud to philosophy*. Cambridge: Harvard University Press.

Cilliers, P. 1998. *Complexity and postmodernism*. London and New York: Routledge.

Coburn, W. J. 2001. Subjectivity, emotional resonance, and the sense of the real. *Psychoanalytic Psychology* 18:303–319.

Cottingham, J., R. Stoothof, D. Murdoch, and A. Kenny, eds. and trans. 1991. *The philosophical writings of Descartes*. Vol. 3, *The correspondence*. Cambridge: Cambridge University Press.

Culler, J. 1982. *On deconstruction*. Ithaca, NY: Cornell University Press.

Davidson, R., and N. Fox. 1982. Asymmetrical brain activity discriminates between positive versus negative affective stimuli in human infants. *Science* 218:1235–1237.

Demos, E. V., and S. Kaplan. 1986. Motivation and affect reconsidered. *Psychoanalysis and Contemporary Thought* 9:147–221.

Derrida, J. 1978. *Writing and difference*. Translated by A. Bass. Chicago: University of Chicago Press.

Des Lauriers, A. M. 1962. *The experience of reality in childhood schizophrenia*. Madison, CT: International Universities Press.

Descartes, R. 1989a. *Discourse on method*. Buffalo, NY: Prometheus Books. Original edition 1637.

———. 1989b. *Meditations*. Buffalo, NY: Prometheus Books. Original edition 1641.

Dilthey, W. 1989. *Introduction to the human sciences*. Translated by M. Neville et al. Princeton: Princeton University Press. Original edition 1883.

Duke, P., and G. Hochman. 1992. *A brilliant madness*. New York: Bantam Books.

Fairbairn, W. R. D. 1952. *Psychoanalytic studies of the personality*. London:

Routledge and Kegan Paul.

Federn, P. 1952. *Ego psychology and the psychoses.* Edited by E. Weiss. New York: Basic Books.

Fosshage, J. L. 1989. The developmental function of dreaming mentation: Clinical implications. In A. Goldberg, ed., *Dimensions of self experience: Progress in self psychology,* vol. 5, pp. 3–11. Hillsdale, NJ: Analytic Press.

Frank, M. 1991. *Selbstbewusstsein und selbsterkenntnis* (Self-consciousness and self-knowledge). Stuttgart, Germany: Reclam.

_____. 1992. *Stil in der philosophie* (Style in philosophy). Stuttgart, Germany: Reclam.

Freud, S. 1953. The interpretation of dreams. In J. Strachey, ed. and trans., *The standard edition of the complete psychological works of Sigmund Freud,* vols. 4 and 5, pp. 1–627. London: Hogarth Press. Original edition 1900.

_____. 1957. The unconscious. In J. Strachey, ed. and trans., *The standard edition of the complete psychological works of Sigmund Freud,* vol. 14, pp. 159–215. London: Hogarth Press. Original article 1915.

_____. 1961a. The ego and the id. In J. Strachey, ed. and trans., *The standard edition of the complete psychological works of Sigmund Freud,* vol. 19, pp. 3–66. London: Hogarth Press. Original edition 1923.

_____. 1961b. The loss of reality in neurosis and psychosis. In J. Strachey, ed. and trans., *The standard edition of the complete psychological works of Sigmund Freud,* vol. 19, pp. 183–187. London: Hogarth Press. Original article 1924.

_____. 1961c. Neurosis and psychosis. In J. Strachey, ed. and trans., *The standard edition of the complete psychological works of Sigmund Freud,* vol. 19, pp. 149–153. London: Hogarth Press. Original article 1924.

_____. 1964. New introductory lectures on psychoanalysis. In J. Strachey, ed. and trans., *The standard edition of the complete psychological works of Sigmund Freud,* vol. 22, pp. 1–182. London: Hogarth Press. Original edition 1933.

Friedman, L. 1999. Why is reality a troubling concept? *Journal of the American Psychoanalytic Association* 47:401–425.

Fromm-Reichman, F. 1954. An intensive study of twelve cases of manic-depressive psychosis. In *Psychoanalysis and psychotherapy: Selected papers,* pp. 227–274. Chicago: University of Chicago Press.

Gadamer, H.-G. 1991. *Truth and method.* 2nd ed. Translated by J. Weinsheimer and D. Marshall. New York: Crossroads. Original edition 1975.

Gaukroger, S. 1995. *Descartes: An intellectual biography.* Oxford: Oxford University Press.

Gendlin, E. T. 1988. *Befindlichkeit: Heidegger and the philosophy of psychology.* In K. Hoeller, ed., *Heidegger and Psychology,* pp. 43–71. Seattle: *Review of Existential Psychology and Psychiatry.*

Gerson, S. 1995. The analyst's subjectivity and the relational unconscious. Paper presented at the spring meeting of the Division of Psychoanalysis, American Psychological Association, Santa Monica, California.

Ghent, E. 1992. Foreword. In N. J. Skolnick and S. C. Warshaw, eds., *Relational perspectives in psychoanalysis,* pp. xiii–xxii. Hillsdale, NJ: Analytic Press.

Gill, M. M. 1982. *Analysis of transference.* Vol. 1. Madison, CT: International Universities Press.

_____. 1994. Heinz Kohut's self psychology. In A. Goldberg, ed., *A decade of progress: Progress in self psychology,* vol. 10, pp. 197–211. Hillsdale, NJ: Analytic Press.

Gump, J. 2000. Social reality as an aspect of subjectivity: Outing race in the therapeutic space. Paper presented at the conference Motivation and Spontaneity:

Celebration in Honor of Joseph D. Lichtenberg, M.D., Washington, DC, October.

Habermas, J. 1987. *Knowledge and human interests.* Translated by J. Shapiro. Cambridge: Polity Press. Original edition 1971.

Hamilton, V. 1993. Truth and reality in psychoanalytic discourse. *International Journal of Psycho-Analysis* 74:63–79.

Hegel, G. 1977. *The phenomenology of spirit.* Translated by A. Miller. Oxford: Oxford University Press. Original edition 1807.

Heidegger, M. 1962. *Being and time.* Translated by J. Macquarrie and E. Robinson. New York: Harper and Row. Original edition 1927.

Herman, J. 1992. *Trauma and recovery.* New York: Basic Books.

Hoffman, I. Z. 1983. The patient as interpreter of the analyst's experience. *Contemporary Psychoanalysis* 19:389–422.

Husserl, E. 1962. *Ideas: An introduction to pure phenomenology.* Translated by W. B. Gibson. New York: Collier. Original edition 1931.

_____. 1970. *The crisis of European sciences and transcendental phenomenology.* Translated by D. Carr. Evanston, IL: Northwestern University Press. Original edition 1936.

James, W. 1975. Philosophical conceptions and practical results. In *Pragmatism.* Cambridge: Harvard University Press. Original article 1898.

Jamison, K. R. 1995. *An unquiet mind.* New York: Alfred A. Knopf.

Jones, J. 1995. *Affects as process.* Hillsdale, NJ: Analytic Press.

Jung, C. G. 1965. The psychology of dementia praecox. In *The psychogenesis of mental disease: The collected works of C. G. Jung,* vol. 3, pp. 1–152. New

York: Bollingen Foundation. Original edition 1907.

Kernberg, O. F. 1975. *Borderline conditions and pathological narcissism.* Northvale, NJ: Jason Aronson.

———. 1976. *Object relations theory and clinical psychoanalysis.* Northvale, NJ: Jason Aronson.

Klein, M. 1950a. A contribution to the psychogenesis of manic-depressive states. In *Contributions to psychoanalysis 1921–1945,* pp. 282–310. London: Hogarth Press. Original article 1934.

———. 1950b. *Contributions to psycho-analysis 1921–1945.* London: Hogarth Press.

Kohut, H. 1971. *The analysis of the self.* Madison, CT: International Universities Press.

———. 1977. *The restoration of the self.* Madison, CT: International Universities Press.

———. 1978. Introspection, empathy, and psychoanalysis. In P. Ornstein, ed., *The search for the self,* vol. 1, pp. 205–232. Madison, CT: International Universities Press. Original article 1959.

———. 1980. Reflections on advances in self psychology. In A. Goldberg, ed., *Advances in self psychology,* pp. 473–554. Madison, CT: International Universities Press.

———. 1982. Introspection, empathy, and the semicircle of mental health. *International Journal of Psycho-Analysis* 63:395–407.

———. 1984. *How does analysis cure?* Edited by A. Goldberg and P. Stepansky. Chicago: University of Chicago Press.

———. 1991. *The search for the self.* Vol. 4. Edited by P. Ornstein. Madison, CT: International Universities Press.

Laing, R. D. 1959. *The divided self*. London: Tavistock Publications.

Leary, K. 1994. Psychoanalytic "problems" and post-modern "solutions." *Psychoanalytic Quarterly* 63:433–465.

Leider, R. 1990. Transference: Truth and consequences. In A. Goldberg, ed., *The realities of transference: Progress in self psychology,* vol. 6, pp. 11–22. Hillsdale, NJ: Analytic Press.

Lichtenberg, J. 1989. *Psychoanalysis and motivation*. Hillsdale, NJ: Analytic Press.

Lyotard, J.-F. 1984. *The postmodern condition: A report on knowledge.* Manchester, England: Manchester University Press.

Margulies, A. 2000. Commentary. *Journal of the American Psychoanalytic Association* 48:72–79.

Maroda, K. 1991. *The power of countertransference*. Northvale, NJ: Jason Aronson.

May, R., E. Angel, and H. Ellenberger, eds. 1958. *Existence*. New York: Basic Books.

Merleau-Ponty, M. 1962. *The phenomenology of perception*. New York: Humanities Press. Original edition 1945.

Mitchell, S. A. 1988. *Relational concepts in psychoanalysis: An integration.* Cambridge: Harvard University Press.

Nagel, T. 1986. *The view from nowhere*. New York and Oxford: Oxford University Press.

Nietzsche, F. 1973. *Beyond good and evil*. Harmondsworth and New York: Penguin Books. Original edition 1886.

Ogden, T. 1994. *Subjects of analysis*. Northvale, NJ: Jason Aronson.

Orange, D. M. 1995. *Emotional understanding: Studies in psychoanalytic epistemology*. New York: Guilford Press.

_____. 1996. A philosophical inquiry into the concept of desire in psychoanalysis. *Psychoanalysis and Psychotherapy* 13:122–129.

_____. 2000. Book review of *The Chicago Institute lectures* by H. Kohut. *Psychoanalytic Psychology* 17:420–431.

_____. 2002a. Antidotes and alternatives: Perspectival realism and the new reductionism. *Psychoanalytic Psychology* 19: in press.

_____. 2002b. There is no outside: Empathy and authenticity in psychoanalytic process. *Psychoanalytic Psychology* 19: in press.

_____. 2002c. Why language matters to psychoanalysis. *Psychoanalytic Dialogues* 12: in press.

Orange, D. M., G. E. Atwood, and R. D. Stolorow. 1997. *Working intersubjectively: Contextualism in psychoanalytic practice*. Hillsdale, NJ: Analytic Press.

Peirce, C. 1878. How to make our ideas clear. *Popular Science Monthly* 12:286–302.

_____. 1931–1935. *The collected papers of Charles Sanders Peirce*. Edited by C. Hartshorne and P. Weiss. Cambridge: Harvard University Press. Original edition 1905.

Piaget, J. 1974. *The place of the sciences of man in the system of sciences*. New York: Harper and Row. Original edition 1970.

Putnam, H. 1990. *Realism with a human face*. Cambridge: Harvard University Press.

Renik, O. 1993. Analytic interaction: Conceptualizing technique in light of the analyst's irreducible subjectivity. *Psychoanalytic Quarterly* 62:553–571.

_____. 1999. Remarks. Commentary given at the PEP CD-ROM Symposium on the Analytic Hour: Good, Bad, and Ugly, New York, February.

Rorty, R. 1989. *Contingency, irony, and solidarity.* Cambridge: Cambridge University Press.

Sander, L. 1985. Toward a logic of organization in psychobiological development. In H. Klar and L. Siever, eds., *Biologic Response Styles,* pp. 20–36. Washington, DC: American Psychiatric Association.

Sandler, J., and B. Rosenblatt. 1962. The concept of the representational world. *The Psychoanalytic Study of the Child* 17:128–145.

Sands, S. 1997. Self psychology and projective identification—Whither shall they meet? *Psychoanalytic Dialogues* 7:651–668.

Schafer, R. 1972. Internalization: Process or fantasy? *The Psychoanalytic Study of the Child* 27:411–436.

Scharfstein, B. 1980. *The philosophers: Their lives and the nature of their thought.* Oxford: Oxford University Press.

Schutz, A. 1970. *Reflections on the problem of relevance.* New Haven: Yale University Press.

Searles, H. 1965. *Collected papers on schizophrenia and related subjects.* London: Hogarth Press.

Shane, M., E. Shane, and M. Gales. 1997. *Intimate attachments: Toward a new self psychology.* New York: Guilford Press.

Siegel, D. J. 1999. *The developing mind.* New York: Guilford Press.

Slavin, M. 2002. Post-Cartesian thinking and the dialectic of doubt and belief in the treatment relationship. *Psychoanalytic Psychology* 19:307–323.

Socarides, D. D., and R. D. Stolorow. 1984–1985. Affects and selfobjects. *Annual of Psychoanalysis* 12/13:105–119.

Stern, D. B. 1997. *Unformulated experience: From dissociation to imagination in psychoanalysis.* Hillsdale, NJ: Analytic Press.

Stern, D. N. 1985. *The interpersonal world of the infant.* New York: Basic Books.

Stern, S. 1994. Needed relationships and repeated relationships: An integrated relational perspective. *Psychoanalytic Dialogues* 4:317–349.

Stolorow, R. D. 1974. A neurotic character structure built upon the denial of an early object loss. Graduation paper, Psychoanalytic Institute of the Postgraduate Center for Mental Health, New York.

_____. 1990. The world according to whom? In A. Goldberg, ed., *The realities of transference: Progress in self psychology,* vol. 6, pp. 35–40. Hillsdale, NJ: Analytic Press.

_____. 1994. The nature and therapeutic action of psychoanalytic interpretation. In R. D. Stolorow, G. E. Atwood, and B. Brandchaft, eds., *The intersubjective perspective,* pp. 43–55. Northvale, NJ: Jason Aronson. Original article 1993.

_____. 1997. Dynamic, dyadic, intersubjective systems: An evolving paradigm for psychoanalysis. *Psychoanalytic Psychology* 14:337–346.

_____. 1999. The phenomenology of trauma and the absolutisms of everyday life: A personal journey. *Psychoanalytic Psychology* 16:464–468.

Stolorow, R. D., and G. E. Atwood. 1979. *Faces in a cloud: Subjectivity in personality theory.* Northvale, NJ: Jason Aronson.

_____. 1989. The unconscious and unconscious fantasy: An intersubjective-developmental perspective. *Psychoanalytic Inquiry* 9:364–374.

_____. 1992. *Contexts of being: The intersubjective foundations of psychological life.* Hillsdale, NJ: Analytic Press.

_____. 1997. Deconstructing the myth of the neutral analyst: An alternative from intersubjective systems theory. *Psychoanalytic Quarterly* 66:431–449.

Stolorow, R. D., G. E. Atwood, and B. Brandchaft. 1994. Epilogue. In R. D. Stolorow, G. E. Atwood, and B. Brandchaft, eds., *The intersubjective perspective,* pp. 203–209. Northvale, NJ: Jason Aronson.

Stolorow, R. D., G. E. Atwood, and J. M. Ross. 1978. The representational world in psychoanalytic therapy. *International Review of Psycho-Analysis* 5:247–256.

Stolorow, R. D., B. Brandchaft, and G. E. Atwood. 1987. *Psychoanalytic treatment: An intersubjective approach.* Hillsdale, NJ: Analytic Press.

Stolorow, R. D., and F. M. Lachmann. 1975. Early object loss and denial: Developmental considerations. *Psychoanalytic Quarterly* 44:596–611.

Sucharov, M. 1994. Psychoanalysis, self psychology, and intersubjectivity. In R. D. Stolorow, G. E. Atwood, and B. Brandchaft, eds., *The intersubjective perspective,* pp. 187–202. Northvale, NJ: Jason Aronson.

Sullivan, H. S. 1950. The illusion of personal individuality. *Psychiatry* 13:317–332.

———. 1953. *The interpersonal theory of psychiatry.* New York: Norton.

Tausk, V. 1917. On the origin of the influencing machine in schizophrenia. *Psychoanalytic Quarterly* 2:519–556.

Taylor, C. 1989. *Sources of the self: The making of the modern identity.* Cambridge: Harvard University Press.

Thelen, E. 1989. Self-organization in developmental processes: Can systems approaches work? In M. Gunnar and E. Thelen, eds., *Systems in development:The Minnesota symposia in child psychology,* vol. 22, pp. 77–117. Hillsdale, NJ: Lawrence Erlbaum Associates.

Thelen, E., and L. Smith. 1994. *A dynamic systems approach to the development of cognition and action.* Cambridge: MIT Press.

Toulmin, S. 1990. *Cosmopolis.* Chicago: University of Chicago Press.

Wasserman, M. 1999. The impact of psychoanalytic theory and a two-person psychology on the empathizing analyst. *International Journal of Psycho-Analysis* 80:449–464.

Winnicott, D. W. 1958a. *Collected papers: Through paediatrics to psychoanalysis.* New York: Basic Books.

———. 1958b. The manic defense. In *Collected papers: Through paediatrics to psychoanalysis,* pp. 129–144. New York: Basic Books. Original article 1935.

———. 1965. *The maturational processes and the facilitating environment.* Madison, CT: International Universities Press.

———. 1971. The use of an object and relating through identifications. In *Playing and reality,* pp. 86–94. New York: Basic Books. Original article 1969.

Wittgenstein, L. 1953. *Philosophical investigations.* New York: Macmillan.

———. 1958. *The blue and brown books: Preliminary studies for the "philosophical investigations."* New York: Harper and Row.

———. 1961. *Tractatus logico-philosophicus.* Atlantic Highlands, NJ: Humanities Press. Original edition 1921.

Zeddies, T. 2000. Within, outside, and in between: The relational unconscious. *Psychoanalytic Psychology* 17:467–487.